essentials

essentials liefern aktuelles Wissen in konzentrierter Form. Die Essenz dessen, worauf es als „State-of-the-Art" in der gegenwärtigen Fachdiskussion oder in der Praxis ankommt. *essentials* informieren schnell, unkompliziert und verständlich

- als Einführung in ein aktuelles Thema aus Ihrem Fachgebiet
- als Einstieg in ein für Sie noch unbekanntes Themenfeld
- als Einblick, um zum Thema mitreden zu können

Die Bücher in elektronischer und gedruckter Form bringen das Expertenwissen von Springer-Fachautoren kompakt zur Darstellung. Sie sind besonders für die Nutzung als eBook auf Tablet-PCs, eBook-Readern und Smartphones geeignet. *essentials:* Wissensbausteine aus den Wirtschafts-, Sozial- und Geisteswissenschaften, aus Technik und Naturwissenschaften sowie aus Medizin, Psychologie und Gesundheitsberufen. Von renommierten Autoren aller Springer-Verlagsmarken.

Weitere Bände in der Reihe http://www.springer.com/series/13088

Thomas Glatte

Corporate Real Estate Management

Schnelleinstieg für Architekten und Bauingenieure

Springer Vieweg

Thomas Glatte
Institut für Baubetriebswesen
Technische Universität Dresden
Dresden, Deutschland

ISSN 2197-6708   ISSN 2197-6716   (electronic)
essentials
ISBN 978-3-658-26860-2   ISBN 978-3-658-26861-9   (eBook)
https://doi.org/10.1007/978-3-658-26861-9

Die Deutsche Nationalbibliothek verzeichnet diese Publikation in der Deutschen Nationalbibliografie; detaillierte bibliografische Daten sind im Internet über http://dnb.d-nb.de abrufbar.

Springer Vieweg
© Springer Fachmedien Wiesbaden GmbH, ein Teil von Springer Nature 2019

Springer Vieweg ist ein Imprint der eingetragenen Gesellschaft Springer Fachmedien Wiesbaden GmbH und ist ein Teil von Springer Nature
Die Anschrift der Gesellschaft ist: Abraham-Lincoln-Str. 46, 65189 Wiesbaden, Germany

Was Sie in diesem *essential* finden können

- Eine Erläuterung der wesentlichen Elemente des Corporate Real Estate Managements sowie eine Abgrenzung zu anderen Formen des Immobilienmanagements
- einen Überblick über den Umfang und die Zusammensetzung von Immobilienportfolien von Non-Property-Unternehmen
- der Einfluss der Unternehmensstrategie auf die Immobilienstrategie eines Corporates sowie abgeleitete immobilienwirtschaftliche Ziele und deren Erfolgsmessung
- grundlegende Aspekte eines professionellen Datenmanagements im Corporate Real Estate Management
- eine Erläuterung der Zusammenhänge von Immobilienportfolio, Organisation und der Beschaffung von immobilienwirtschaftlichen Dienstleistungen
- einführende Erläuterungen spezifischer Aspekte des CREM wie Corporate Social Responsibility, nachhaltiges Bauen, Corporate Architecture, Corporate Design und Workplace Management
- der Einfluss der Veränderung der Arbeitswelten auf das Corporate Real Estate Management der Zukunft

Vorwort

Seit über zwanzig Jahren bin ich für das Corporate Real Estate Management in einem der großen DAX-30- und Fortune-500-Unternehmen tätig, davon seit 15 Jahren in leitenden Funktionen. Ebenfalls lehre ich seit über 15 Jahren zu diesem Thema an verschiedenen Instituten wie der Technischen Universität Dresden und deren Weiterbildungsgesellschaft EIPOS GmbH, der IREBS Immobilienakademie sowie der Universität Stuttgart. Seit mehr als 10 Jahren bin ich als Vorstand des Branchenverbandes der Corporate Real Estate Manager, CoreNet Global, aktiv an der Weiterentwicklung des betrieblichen Immobilienmanagements in Europa beteiligt.

In all diesen Jahren war ich immer von einer Doppel-Mission getrieben. Ich wollte einerseits das Immobilienmanagement meines Unternehmens vorantreiben, um einen nachhaltigen Beitrag zum Unternehmenserfolg zu leisten. Mir war es andererseits aber auch jederzeit wichtig, Erfolge und Misserfolge mit meinen Peers in anderen Unternehmen sowie der nachrückenden Generation von Corporate Real Estate Managern zu teilen. Unsere Branche ist vergleichsweise jung, und es gibt noch viel zu lernen – auch für mich. Ich hatte in meinem bisherigen Berufsleben die Chance und das Glück, in einem relativ beständigen und gut gemanagten Umfeld eine Vielzahl von Immobilienprojekten voranzutreiben und eine CREM-Organisation aufzubauen. Meine damit gemachten Erfahrungen konnte ich bei Springer Vieweg in meinen Büchern *Entwicklung betrieblicher Immobilien* und *Kompendium Standortstrategien für Unternehmensimmobilien* sowie als Beitrag im Springer-Fachbuch *IT-Management Real Estate* von Prof. Dr. Marion Peyinghaus und Prof. Dr. Regina Zeitner, als Beitrag im Fachbuch *Immobilienmanagement erfolgreicher Bestandshalter* von Prof. Dr. Bogenstätter und in zahlreichen Artikeln für Fachzeitschriften einer interessierten Leserschaft präsentieren.

Es hat mich daher sehr gefreut, dass der Springer-Verlag mit dem Format *essentials* eine Buchreihe für den schnellen und konzentrierten Einstieg in komplexe Fachthemen entwickelt und mir die Chance angeboten hat, das Thema Corporate Real Estate Management hierfür zusammenzufassen. Ziel dieses Buches ist es, eine Einführung in das betriebliche Immobilienmanagement zu geben und grundlegende Aspekte eines proaktiven und wertorientierten Umgangs mit betrieblichen Immobilien zu vermitteln. Adressaten sind insbesondere Quereinsteiger aus der Immobilienbranche sowie aus den Unternehmen selbst, aber auch Studenten, Wissenschaftler sowie Bau- und Immobilienexperten.

Das Buch leitet in Kap. 1 die Begrifflichkeit des CREM her und grenzt es von anderen Themenfeldern des Immobilienmanagements ab. In Kap. 2 wird eine Einführung in das Corporate Real Estate Management gegeben. Kap. 3 widmet sich dem Datenmanagement. Kap. 4 setzt wiederum auf das Immobilienportfolio, die CREM-Organisation und das Sourcing immobilienwirtschaftlicher Leistungen ab. In Kap. 5 werden einige ausgewählte Aspekte des Immobilienmanagements beleuchtet, die spezifisch für das CREM sind. Kap. 6 fasst die einzelnen Kapitel noch einmal zusammen.

Ich möchte dem Springer-Verlag wie auch meinem Arbeitgeber BASF SE für die Möglichkeit dieser Publikation danken. Ebenso gilt mein Dank Prof. Dr. Andreas Pfnür vom Forschungscenter Betriebliche Immobilienwirtschaft an der TU Darmstadt für die langjährige und freundschaftliche Zusammenarbeit an einer Vielzahl von CREM-Themen. Auf die Ergebnisse dieser Kooperation greife ich in diesem Buch in großem Umfang zurück. Ebenfalls gilt mein Dank meinen geschätzten Kollegen Stefanie Hofmann und Wolfgang Scholl vom Group Real Estate Management der BASF für den fachlichen Review dieses Buches. Abschließend möchte ich meiner Frau, Pia Glatte-Bast, für ihre Geduld und Unterstützung bei der Erstellung dieses Buches und der darin eingeflossenen Veröffentlichungen von ganzem Herzen danken.

Neulußheim und Dresden   Dr.-Ing. Thomas Glatte
im Mai 2019

Inhaltsverzeichnis

**1 Herleitung und Abgrenzung des Corporate Real Estate
Managements**.. 1
   1.1 Grundsätzliches 1
   1.2 Corporate Real Estate Management – eine
       Begriffsbestimmung..................................... 1
   1.3 Begriffliche Abgrenzungen 2
       1.3.1 Institutionelles und betriebliches
             Immobilienmanagement........................... 2
       1.3.2 Abgrenzung zu anderen Formen des
             Immobilienmanagements.......................... 5
       1.3.3 Unternehmensimmobilien und Betriebsimmobilien 6
       1.3.4 Betriebsnotwendige und nicht betriebsnotwendige
             Immobilien.................................... 8

2 Einführung in das Corporate Real Estate Management............ 11
   2.1 Immobilienportfolien von Non-Property-Unternehmen 11
       2.1.1 Umfang betrieblicher Immobilienportfolien 11
       2.1.2 Zusammensetzung von betrieblichen
             Immobilienportfolien............................ 11
   2.2 Unternehmensstrategie und Immobilienstrategie............... 14
   2.3 Ziele und Erfolgsmessung im CREM 16

3 Datenmanagement als Basis eines professionellen CREM.......... 21
   3.1 Transparenz – aller Anfang ist schwer...................... 21
   3.2 Weniger ist mehr – Fokus statt Sammelwut im
       Datenmanagement 22

4 Portfolio, Organisation und Sourcing
   immobilienwirtschaftlicher Leistungen 25
   4.1 Herausforderung Betriebsimmobilie 25
   4.2 Herausforderung CREM-Organisation 28
   4.3 Portfolio versus Organisation – Abhängigkeiten
        und Stellhebel. 29
   4.4 Herausforderung Globalisierung 32
   4.5 Sourcing immobilienwirtschaftlicher Leistungen 33

5 Spezifische Aspekte des Corporate Real Estate Managements. 35
   5.1 Corporate Social Responsibility und nachhaltiges Bauen 35
   5.2 Corporate Architecture und Corporate Design 40
   5.3 Arbeitswelten 41
        5.3.1 Die Bedeutung des Arbeitsplatzes 41
        5.3.2 Modernes Workplace Management 42
        5.3.3 Bürotypen. 43
        5.3.4 Einfluss der Veränderung der Arbeitswelten auf
               das CREM der Zukunft 47

6 Zusammenfassung – Der (steinige) Weg zum CRE-Manager. 49

Literatur. 53

Herleitung und Abgrenzung des Corporate Real Estate Managements

1

1.1 Grundsätzliches

Das betriebliche Immobilienmanagement, auch *Corporate Real Estate Management (CREM)* genannt, erlebte in den 1980er Jahren im angelsächsischen Raum sowie in den 1990er Jahren in Deutschland einen starken Aufbruch. Anfang der 2000er Jahre wurde es dann recht ruhig – bis zum Beginn der Finanzkrise im Jahr 2008. Seitdem erlebt diese Branche eine Renaissance, welche auch in der Fachpresse entsprechende Anerkennung erfährt.

Der Wert des gesamten betrieblichen Immobilienvermögens in Deutschland wird auf ca. 3 Billionen EUR taxiert (Pfnür 2014, S. 14). Damit ist etwa ein Drittel des Immobilienvermögens in Deutschland der Kategorie Corporate Real Estate zuzuordnen. Vor dem Hintergrund dieser eindrucksvollen Zahlen können gerade noch die Wohnungswirtschaft und die öffentliche Hand sowie die Kirchen mithalten. Die medial und in der Fachliteratur deutlich präsenteren Projekte der traditionellen Immobilieninvestoren und Immobilienbestandshalter sind dagegen volkswirtschaftlich eher von untergeordneter Bedeutung. Grund genug, sich mit dem Management von Corporate Real Estate und dessen Steuerung etwas vertiefender auseinanderzusetzen und zu hinterfragen, was es damit auf sich hat.

1.2 Corporate Real Estate Management – eine Begriffsbestimmung

Ein guter Einstieg in die Thematik ist wie so oft das Hinterfragen der Begrifflichkeit, insbesondere wenn es sich um einen englischsprachigen Fachbegriff handelt.

© Springer Fachmedien Wiesbaden GmbH, ein Teil von Springer Nature 2019
T. Glatte, *Corporate Real Estate Management,* essentials,
https://doi.org/10.1007/978-3-658-26861-9_1

Definition nach Andreas Pfnür (Pfnür 2014, S. 14):

> „Unter betrieblichem Immobilienmanagement (Corporate Real Estate Management, CREM) sollen alle liegenschaftsbezogenen Aktivitäten eines Unternehmens verstanden werden, dessen Kerngeschäft nicht in der Immobilie liegt. CREM befasst sich mit dem wirtschaftlichen Beschaffen, Betreuen und Verwerten der Liegenschaften von Produktions-, Handels- und Dienstleistungsunternehmen im Rahmen der Unternehmensstrategie. Die Liegenschaften dienen zur Durchführung und Unterstützung der Kernaktivitäten."

> **Anmerkung** Diese Definition wird im deutschsprachigen Raum auch vom weltweit führenden Verband der Corporate Real Estate Manager, CoreNet Global (CNG o. J.) sowie vom Zentralen Immobilien Ausschuss (ZIA o. J.) gestützt.

Es handelt sich also um die Immobilienvermögen von Unternehmen der Privatwirtschaft (engl.: *corporates*), daher auch *Corporate Real Estate (CRE)* genannt. Deren originärer Unternehmenszweck zielt auf jegliche Formen unternehmerischer Tätigkeit ab – außer der Errichtung, Bewirtschaftung oder Verwertung von Immobilien. Damit werden sie aus der Sicht der Immobilienwirtschaft auch als *Non-Property-Companies* bezeichnet.

Dabei umfasst das Corporate Real Estate Management im weiteren Sinne alle strategischen, taktischen und operativen Ebenen der immobilienwirtschaftlichen Wertschöpfung, also das Portfoliomanagement, das Asset-Management, das Property Management und das Gebäudemanagement sowie nicht selten sogar weitergehende infrastrukturelle Dienstleistungen, auch Facility Services genannt (Nävy und Schröter 2013, S. 12). Abb. 1.1 veranschaulicht diese Struktur (Glatte 2014, S. 6). Im engeren Sinne wird CREM nur auf die strategischen Aufgaben des Immobilienmanagements bei Corporates reduziert.

1.3 Begriffliche Abgrenzungen

1.3.1 Institutionelles und betriebliches Immobilienmanagement

Immobilien sind als vergleichsweise sichere Geldanlage sehr beliebt. Die Sicherheit für Investoren leitet sich insbesondere aus der Tatsache ab, dass es sich bei Immobilien um „reale Werte" handelt, d. h. um physisch existierende und nutzbare Objekte. Gerade in Krisenzeiten zeigt die oft stattfindende Flucht

TAXONOMIE DES IMMOBILIENMANAGEMENTS (REAL ESTATE MANAGEMENT – REM)

Immobilienart	Anlageimmobilie	Eigengenutzte Immobilie	(infrastrukturelle) Facility Services
Immobilienzweck	Investment/Kapitalanlage	Nutzung	Unterstützung
Ziel der Immobilienaktivität	Optimierung von Risiko, Rendite, Liquidität	Optimierung inner-betrieblicher Wertbeitrag	Effektivität & Effizienz
Managementkonzept	Renditeorientiertes Immobilienmanagement	Nutzungsorientiertes Immobilienmanagement	Operative Exzellenz
Unternehmenskonzept	"Property Company"	"Non-Property Company"	Dienstleistung

Institutionelles Immobilienmanagement | Betriebliches Immobilienmanagement (CREM)*

Anmerkung: dies gilt auch für das Immobilienmanagement der öffentlichen Hand und der Kirche

Facility Management

(Immobilien) Portfolio Management
übergeordnete strategische Aufgaben mit dem Fokus auf das ganze Immobilienportfolio oder größere Teile davon, einschließlich der Definition von Betreiber-, Nutzer- und Dienstleistungsstrategien

(Immobilien) Asset Management
strategische und taktische Aufgaben mit dem Fokus auf (kleinere) Immobilienportfolien oder einzelne Gebäude, einschließlich überregionale Beauftragung/Steuerung weitergehenden Dienstleistungen (Facility Services)

Property Management
Lokale taktische Aufgaben und Eigentümerfunktion (Vermieter) mit dem Fokus auf lokales Immobilienportfolio oder Einzelgebäude, einschließlich Beauftragung/Steuerung weitergehender Dienstleistungen (Facility Services)

Gebäudemanagement
Lokale operative Aufgaben mit dem Fokus auf die Bewirtschaftung eines kleinen lokalen Immobilienportfolios oder von Einzelgebäuden, einschließlich der Beauftragung/Steuerung von Nachunternehmern für einzelne Gewerke

Facility Services
Operative Dienste über das Gebäudemanagement hinaus

Strategisch vs. Operativ — Portfolio vs. Gebäude

Portfolio-Perspektive — Individuelle Gebäude- bzw. Dienstleistungsperspektive

Strategisch | Taktisch | Operativ

Management-Fokus und Werttreiberebenen

Abb. 1.1 Übersicht der immobilienwirtschaftlichen Managementdisziplinen

in Sachanlagen, wie beispielsweise Immobilien, die hohe Wertschätzung als sogenannter „sicherer Hafen" für Investoren.

Grund hierfür ist einerseits die faktisch „ewige Existenz" von Grund und Boden, andererseits die Dauerhaftigkeit und Langlebigkeit von baulichen Anlagen. Ein totaler Wertverlust wie beispielsweise bei Wertpapieren tritt bei Immobilienbesitz daher nur in sehr extremen Ausnahmesituationen ein.

Das *institutionelle Immobilienmanagement* konzentriert sich auf die Beschaffung, die Bewirtschaftung und den Verkauf von Immobilien zum Zwecke der Investition. In diesem Fall spricht man von Anlageimmobilien. Der primäre Fokus des institutionellen Immobilienmanagements liegt in dem Erwirtschaften einer Rendite aus den Anlageimmobilien sowie einer Optimierung zwischen der Rendite einerseits und den aus den Immobilien erwachsenden Risiken andererseits.

Anders als in der klassischen Immobilienbranche sind in der *betrieblichen Immobilienwirtschaft* nicht die durch Errichtung, Vermietung oder Verkauf erzielbaren Immobilienrenditen, sondern die (Eigen-)Nutzerbedürfnisse primäre Treiber für die Errichtung, Ausgestaltung, Bewirtschaftung und Verwertung der Immobilien. Diese Bedürfnisse können je nach Immobilienart recht einfach, durchschnittlich oder von sehr hoher Komplexität sein.

Die Erfordernisse hinsichtlich der Nutzung werden im betrieblichen Immobilienmanagement traditionell vom Nutzer selbst vorgegeben. Der Nutzer ist hier Repräsentant des Kerngeschäftes und somit des Bereiches, der das eigentliche Geld im Unternehmen verdient. Daher ist dessen Rolle gegenüber dem CRE-Manager als Flächenbereitsteller vergleichsweise stark. Bei Corporates herrscht also in der Innensicht des Unternehmens üblicherweise ein – im Immobilienfachjargon – „Mietermarkt". Dies ist insofern logisch, da die Unternehmensimmobilien oft einen der größten Kostenblöcke und einen sehr großen Teil des Unternehmensvermögens darstellen. Im Zuge dessen hat sich der Umgang mit den Immobilien des Unternehmens ebenfalls deutlich verändert.

Die Tatsache, dass die Immobilie nicht Kerngeschäft, sondern – rein betriebswirtschaftlich gesehen – ein Betriebsmittel zur Erfüllung des (Kern-)Geschäftszweckes ist, führt bei den Corporates zu einigen Besonderheiten im Umgang mit ihren betrieblichen Immobilien, auch wenn es sehr wohl eine Vielzahl von Parallelen hinsichtlich Aufbau, Struktur und Aufgabenverteilung mit der klassischen Immobilienwirtschaft gibt (siehe Abb. 1.1).

1.3.2 Abgrenzung zu anderen Formen des Immobilienmanagements

Die Eigennutzerperspektive des Corporate Real Estate Managements ist noch mit zwei weiteren Sonderformen des Immobilienmanagements vergleichbar:

- das Immobilienmanagement der öffentlichen Hand (engl.: *public real estate management*, kurz *PREM*)
- das kirchliche Immobilienmanagement (engl.: *ecclesiastic real estate management*, kurz *EREM*)

Auch bei diesen beiden Formen des Immobilienmanagements werden die Bedürfnisse durch den Nutzer, also durch den Staat mit seinen Behörden oder sozialen Einrichtungen sowie durch die Kirche mit ihren Gemeinden, Verwaltungsstrukturen sowie den ebenfalls existierenden sozialen Einrichtungen, definiert. Eine weitere Gemeinsamkeit zwischen Corporate, Public und Ecclesiastic Real Estate Management ist das Vorhandensein einer hohen Anzahl von – oft nicht marktfähigen – Sonderimmobilien. Während dem betrieblichen Immobilienmanager die Nachnutzung und Verwertung einer ehemaligen Industrieanlage Kopfzerbrechen bereitet, muss sich beispielsweise ein kommunaler Immobilienmanager mit nicht mehr benötigten Schulen und ein kirchlicher Immobilienmanager mit verwaisten Kirchenbauten aufgrund schrumpfender Gemeinden auseinandersetzen. Von behördlichen Auflagen wie Denkmalschutz, Sanierungskosten und hohem öffentlichem Interesse am Umgang mit den Immobilien sind alle drei Formen des Immobilienmanagements ebenfalls gleichermaßen betroffen.

Allerdings gibt es gerade bei den kaufmännischen Aspekten wie Buchhaltung und Bilanzierung sowie dem Fokus auf bestimmte Werttreiber – betriebswirtschaftlich, sozial, kulturell wie auch gesellschaftlich – durchaus sehr deutliche Unterschiede. Daher macht es Sinn, diese Formen des Immobilienmanagements getrennt zu betrachten.

Für die nachfolgenden Ausführungen dieses Buches wird der Fokus auf das Corporate Real Estate Management gelegt. Ein Großteil der Ausführungen kann jedoch uneingeschränkt auch für die zuvor genannten beiden Bereiche des Immobilienmanagements übernommen werden.

1.3.3 Unternehmensimmobilien und Betriebsimmobilien

In der Literatur wie auch in einschlägigen Fachmedien ist immer wieder der Begriff *Unternehmensimmobilie* zu finden. Geprägt wurde der Begriff in Deutschland insbesondere durch die Initiative Unternehmensimmobilien, einer Interessensgemeinschaft von Entwicklern und Bewirtschaftern gewerblich und industriell geprägter Immobilien (Initiative Unternehmensimmobilien o. J.). Diese bemüht sich, durch mehr Transparenz die Unternehmensimmobilien als eigene, anlagetaugliche Assetklasse in Deutschland zu positionieren. Sie fasst darunter folgende spezifische Immobilientypen zusammen (Initiative Unternehmensimmobilien 2014, S. 4):

- Produktionsimmobilien
- Logistik-Lagerimmobilien
- Transformationsimmobilien
- Gewerbeparks

Als *Produktionsimmobilien* werden dabei schwerpunktmäßig einzelne Hallenobjekte mit moderatem Büroanteil verstanden, die für vielfältige Arten der Fertigung geeignet sind. Deren Hallenflächen sind prinzipiell auch für andere Zwecke wie Lagerung, Forschung und Service sowie auch für den Groß- und Einzelhandel einsetzbar. Die Drittverwendungsfähigkeit von Produktionsimmobilien ist standortabhängig.

Lager-/Logistikobjekte sind schwerpunktmäßig Bestandsobjekte mit vorwiegend einfachen Lagermöglichkeiten und stellenweise Serviceflächen. Diese werden im Rahmen der Unternehmensimmobilien durch eine Größe von maximal 10.000 m^2 von modernen Logistikhallen abgegrenzt. Charakteristisch für sie sind unterschiedliche Ausbau- und Qualitätsstandards sowie flexible und preisgünstige Flächenarten. Sie sind in der Regel reversibel und für höherwertige Nutzungen geeignet (z. B. durch die Nachrüstung von Rampen und Toren).

Transformationsimmobilien sind nicht (mehr) betriebsnotwendige Liegenschaften, welche als ehemalige Fertigungsstätten über eine betriebsbedingt organisch gewachsene Gebäudestruktur verfügen. Üblicherweise weisen sie einen sogenannten „Campus-Charakter" auf, d. h. sie bestehen nicht aus einzelnen Gebäuden, sondern aus einem – üblicherweise auch infrastrukturell verbundenen – Gebäudekomplex. Unter dem Transformationsprozess wird der oftmals mehrjährige Übergang von einer vormals vollständigen (Eigen-)Nutzung zu einer anderweitigen Nachnutzung durch Dritte verstanden.

Dem geht die Klassifizierung der Liegenschaft als nicht betriebsnotwendige Immobilie durch den betrieblichen Vornutzer voraus (siehe Abschn. 1.3.4). Dabei wird die Liegenschaft klassischerweise durch den Corporate verkauft und zumindest in Teilen zurückgemietet. Die vorhandenen Mietverträge bieten dem Käufer die Möglichkeit, Entwicklungs- und Finanzierungsrisiken deutlich zu reduzieren sowie mithilfe dieser Erträge Umbaumaßnahmen oder Sanierungen vorzunehmen. Käufer derartiger Transformationsimmobilien sind häufig Projektentwickler, welche den Transformationsprozess hin zu einem fungiblen und damit immobilienmarktfähigen Gewerbepark begleiten und diesen nach weitgehendem Abschluss des Transformationsprozesses als Anlageimmobilie an Investoren veräußern.

Das Potenzial dieser Liegenschaften besteht neben dem oben beschriebenen kontinuierlichen Cashflow in der Entwicklungsphase ebenso in der durch den Projektentwickler zu hebenden Nachverdichtungsmöglichkeit der oft bauleitplanerisch nicht ausgereizten Industrieareale sowie dem häufig besonderen Charme der historischen Industriearchitektur. Damit sind sie üblicherweise durch einen Mix von revitalisierten, historischen Gebäuden und Neubauten gekennzeichnet. Ebenso sind die Transformationsimmobilien häufig in innenstadtnahen Lagen verortet und sind somit gut mit dem ÖPNV und Individualverkehr erreichbar.

Gewerbeparks sind zumeist für die Vermietung an Unternehmen gezielt geplant und gebaut. Sie bestehen aus mehreren Einzelgebäuden als Ensemble. Das Management und die infrastrukturelle Ver- und Entsorgung von Gewerbeparks sind einheitlich organisiert. Sie verfügen über alle Flächentypen (Büroflächenanteil i. d. R. zwischen 20 bis 50 %). Gewerbeparks sind meist in Stadtrandlage verortet und verfügen über eine gute Erreichbarkeit.

Der Begriff *Betriebsimmobilie* ist deutlich weitreichender als der Umfang der vorgenannten Unternehmensimmobilien. Er umfasst alle Formen von Immobilien, welche Corporates für die Umsetzung des Kerngeschäftes benötigen, also auch Verwaltungsgebäude, Sozialgebäude, Trainingszentren, Gebäude der Forschung und Anwendungstechnik, landwirtschaftliche Bauten wie Gewächshäuser usw. Die Art der Immobilien ist geradezu beliebig, solange die Nutzung dem Geschäftszweck selbst dient. Auch in diesen Fällen wird, insbesondere im Zusammenhang mit Industrieunternehmen, in den Fachmedien gelegentlich in unpräziser Form der Begriff *Unternehmensimmobilie* deckungsgleich mit dem Begriff der *Betriebsimmobilie* verwandt.

1.3.4 Betriebsnotwendige und nicht betriebsnotwendige Immobilien

Immobilien sind für einen Corporate zur Erfüllung des eigentlichen Zweckes des Kerngeschäftes notwendig. Solange der Bedarf weitestgehend betrieblich begründet ist, sind diese Immobilien betriebsnotwendig.

Aus einer Vielzahl von Gründen kann sich dieser betriebliche Bedarf über den Lebenszyklus einer Immobilie wandeln. Sobald dieser nicht mehr gegeben ist, ist die Liegenschaft nicht mehr betriebsnotwendig. In einem solchen Fall bindet sie jedoch noch Kapital, welches dem eigentlichen Kerngeschäft als Investitionsmittel nicht zur Verfügung steht. Die Identifikation von nicht betriebsnotwendigen Liegenschaften innerhalb des Unternehmens und deren – aus der Sicht des jeweiligen Unternehmens – optimierte Verwertung hinsichtlich möglicher Chancen und Risiken gehören zu den absoluten Kernaufgaben eines Corporate Real Estate Managers.

Wichtig ist die Unterscheidung zwischen betriebsnotwendigen und nicht betriebsnotwendigen Immobilien auch aus der Sicht der Rechnungslegung. International agierende Unternehmen bilanzieren zumeist nach den *International Financial Reporting Standards,* kurz *IFRS* (IFRS o. J.). Innerhalb der IFRS gibt es für Immobilien zwei wichtige Standards:

- der *International Accounting Standard 16 „Property, Plant & Equipment",* kurz *IAS 16,* regelt die Bilanzierung des Sachanlagevermögens (engl.: *property, plant and equipment*) eines Unternehmens (IASB, IAS 16 2005)
- der *International Accounting Standard 40 „Investment Properties",* kurz *IAS 40,* regelt die Bilanzierung von als Finanzinvestition gehaltenen Immobilien, also Anlageimmobilien (IASB, IAS 40 2005)

Ein sehr wesentlicher Unterschied der IAS zu den Rechnungslegungsvorschriften des deutschen Handelsgesetzbuches (HGB) besteht darin, dass statt der Bewertung zu Anschaffungskosten eine Bewertung zu Marktwerten und damit Informationen für Eigentümer oder Anteilseigner im Vordergrund stehen. Im Falle des Zugangs eines Vermögensgegenstandes – also beispielsweise durch den Bau oder Kauf einer Immobilie – erfolgt nach IAS 16 und IAS 40 wie auch nach HGB die Bewertung und Ausweisung in der Bilanz in Höhe der Anschaffungs- oder Herstellungskosten.

Betriebliche Immobilien unterliegen zumeist den Erfordernissen des IAS 16, solange diese für die betrieblichen Zwecke des nicht auf Renditeerzielung aus

Immobilien orientierten Kerngeschäftes notwendig sind. Aus der CREM-Sicht ist insbesondere die Folgebewertung in den nachfolgenden Jahren interessant. Bei der Folgebewertung nach IAS 16 besteht ein Wahlrecht zwischen zwei Modellen:

- Methode der fortgeführten Anschaffungs- oder Herstellungskosten (engl.: *cost model*)
- Neubewertungsmethode (engl.: *revaluation model*)

Bei dem *cost model* werden die Anschaffungs- oder Herstellungskosten um die planmäßige und/oder außerplanmäßige Abschreibung vermindert. Bei dem *revaluation model* erfolgt die Bewertung mit dem üblichen Marktwert (engl.: *fair value*) abzüglich planmäßiger oder außerplanmäßiger Abschreibungen. In der Praxis wird üblicherweise auf das *cost model* zurückgegriffen, d. h. die Gebäude werden über die Jahre abgeschrieben und mindern sich damit im Wert.

Nicht betriebsnotwendige Immobilien wiederum sind nach IAS 40 zu bilanzieren. Beispiele für die Anwendung des IAS 40 sind:

- Grundstücke, die nicht mehr für die Produktion benötigt, sondern zur langfristigen Wertsteigerung, beispielsweise durch eine Projektentwicklung, gehalten werden
- Gebäude, welche früher für die eigene Verwaltung genutzt wurden und heute an (unternehmensfremde) Dritte vermietet sind

Aus CREM-Perspektive ist wichtig, dass nicht betriebsnotwendige Immobilien wie Anlageimmobilien zu behandeln sind. Diese wiederum sind gemäß IAS 40 in den Folgejahren nach dem beizulegenden Zeitwert, d. h. dem Marktwert (engl.: *fair value*) zu bewerten. Dies bedeutet, dass zum Zeitpunkt der Deklaration einer ehemaligen Betriebsimmobilie als „nicht betriebsnotwendig" eine Neubewertung im Sinne einer Anlageimmobilie erfolgen muss. Da Betriebsimmobilien üblicherweise nach dem *cost model* der IAS 16 bewertet werden, kann dies bei einer Neubewertung nach IAS 40 je nach Grad der Abschreibung zu signifikanten Aufwertungen oder Abwertungen der Immobilie und somit zu Anpassungen der Unternehmensbilanz führen.

▷ **Anmerkung** Die Vermietung eines Gebäudes an ein anderes Unternehmen innerhalb des Konzerns ist jedoch nicht als Anlageimmobilie anzusehen und unterliegt somit nicht dem IAS 40, sondern dem IAS 16.

Einführung in das Corporate Real Estate Management

2

2.1 Immobilienportfolien von Non-Property-Unternehmen

2.1.1 Umfang betrieblicher Immobilienportfolien

Obwohl sich das Kerngeschäft der sogenannten *Corporates* auf alle möglichen Aktivitäten konzentriert, besitzen diese zumeist trotzdem ein durchaus beträchtliches Immobilienportfolio. Hierzu gibt es die verschiedensten Erhebungen, welche diese Aussage stützen. So ermittelte Schulte auf Basis der Monatsberichte der Deutschen Bundesbank, dass Immobilien ca. 10 % bis 12 % des Gesamtvermögens deutscher Unternehmen ausmachen (Schulte und Schäfers 1998, S. 41). Die Höhe dieser Beträge pro Unternehmen lässt sich beispielhaft der Tab. 2.1 entnehmen, welche die Immobilienvermögen der DAX 30-Unternehmen in den Jahren 2004 und 2016 vergleichsweise auflistet (Glatte 2018, S. 22).

2.1.2 Zusammensetzung von betrieblichen Immobilienportfolien

Im Zuge einer Studie des Forschungscenters Betriebliche Immobilienwirtschaft an der Technischen Universität Darmstadt (FBI o. J.) im Auftrag des Fachverbandes CoreNet Global (CNG o. J.) sowie des Zentralen Immobilien Ausschusses (ZIA o. J.) wurde im Jahr 2014 auch die Zusammensetzung der Immobilienportfolien von Corporates untersucht (Pfnür 2014). Diese Studie ermittelte für Deutschland den bereits in Abschn. 1.1 zitierten Wert von Betriebsimmobilien jeglicher Art in Höhe von knapp EUR 3 Billionen. Davon entfallen ca. EUR 500 Mrd. anteilig auf Grundstückwerte (Pfnür 2014, S. 17).

© Springer Fachmedien Wiesbaden GmbH, ein Teil von Springer Nature 2019   11
T. Glatte, *Corporate Real Estate Management*, essentials,
https://doi.org/10.1007/978-3-658-26861-9_2

Tab. 2.1 Immobilienportfolios der DAX 30-Unternehmen (2004 und 2016)

	Buchwerte [Mrd. €]		Anschaffungskosten [Mrd. €]	
	2004	2016	2004	2016
Adidas	–	1,0	–	1,4
Allianz	16,7	3,1	k. A.	4,0
BASF	2,4	5,3	6,2	11,3
Bayer	3,3	4,8	8,0	10,3
Beiersdorf	–	0,4	–	0,8
BMW	3,4	6,2	5,6	10,9
Commerzbank	0,9	0,4	1,0	0,9
Continental	0,9	2,8	1,6	4,5
Daimler	11,4	8,0	21,0	16,8
Deutsche Bank	3,6	1,9	–	4,3
Deutsche Börse	–	0,0	–	0,1
Deutsche Lufthansa	0,8	–	1,5	–
Deutsche Post	5,3	2,5	7,4	4,8
Deutsche Telekom	9,6	7,0	17,6	18,5
e.on	11,9	1,8	18,7	3,8
Fresenius	–	3,9	–	6,6
Fresenius Medical Care	0,8	1,5	1,2	3,2
Heidelberg Cement	–	6,9	–	9,7
Henkel	0,8	1,1	1,6	2,2
HVB Group	2,5	–	3,9	–
Infineon	0,5	0,4	1,1	1,1
Linde	1,0	1,5	1,9	3,0
Lufthansa	–	1,3	–	2,7
MAN	1,1	–	2,2	–
Merck	–	2,0	–	3,4
Metro	8,8	–	12,1	–

(Fortsetzung)

Tab. 2.1 (Fortsetzung)

	Buchwerte [Mrd. €]		Anschaffungskosten [Mrd. €]	
	2004	2016	2004	2016
Münchner Rück	1,4	2,4	2,1	3,6
ProSiebenSat1 Media	–	0,1	–	0,1
RWE	8,2	2,9	13,7	7,3
SAP	0,7	1,1	0,9	–
Siemens	4,6	4,2	9,2	7,9
ThyssenKrupp	4,6	0,3	7,7	0,4
TUI	1,3	–	1,8	–
Volkswagen	7,2	19,6	13,7	33,5
Vonovia	–	0,1	–	0,1

Aufgesplittet nach Nutzungsarten, ergibt sich ebenso ein interessantes Bild (Pfnür 2014, S. 19). Demnach sind bei den Betriebsimmobilien 22 % Fabriken und Werkstätten (EUR 660 Mrd.) sowie 35 % Handels- und Lagergebäude (EUR 1,05 Billionen). Daraus lässt sich ableiten, dass *Unternehmensimmobilien* (gemäß Definition in Abschn. 1.3.3) mit einem Anteil von 57 % bzw. einem Wert von EUR 1,71 Billionen deutlich mehr als die Hälfte des betrieblichen Immobilienvermögens in Deutschland ausmachen (siehe Abb. 2.1).

Einer anderen Analyse des Forschungscenters Betriebliche Immobilienwirtschaft der TU Darmstadt zufolge liegt die Eigentumsquote bei deutschen Unternehmen bei 68,9 % (Pfnür und Weiland 2010, S. 41). Im Vergleich zu früheren Analysen bedeutet dies nur einen marginalen Rückgang. Im Jahr 2002 lag der Wert noch etwas über 70 % (Pfnür und Armonat 2004, S. 42). Deutschland liegt damit weit über den Werten der USA mit ca. 30 %, Großbritannien mit ca. 55 % und Asien mit 20 % (Pfnür 2010). Ein Blick auf die Verteilung der Eigentumsquoten nach Assetklassen in Abb. 2.2 lässt klar die Problematik erkennen: Insbesondere die unter dem Begriff *Unternehmensimmobilien* zusammengefassten Assetklassen haben einen überdurchschnittlich hohen Eigentumsanteil (Pfnür 2014, S. 32). Grund dafür sind die in Abschn. 4.1 dargestellten Herausforderungen für betriebliche Immobilien.

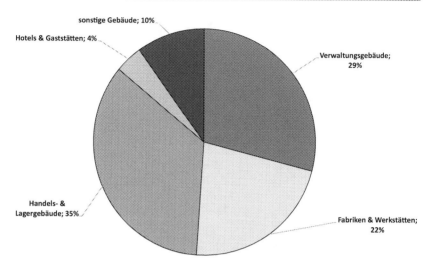

Abb. 2.1 Immobilienportfolios – wertmäßige Aufteilung nach Nutzungsarten

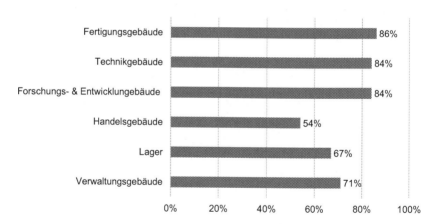

Abb. 2.2 Eigentumsquoten nach Nutzungsarten

2.2   Unternehmensstrategie und Immobilienstrategie

Anders als bei Property-Unternehmen, deren Kerngeschäft und somit auch deren Unternehmensstrategie immobilienwirtschaftlich geprägt sind, haben sich immobilienbezogene Strategien bei Non-Property-Unternehmen der allgemeinen

Konzernstrategie unterzuordnen. Kurz: Das Kerngeschäft bestimmt den Umgang mit Immobilien – und nicht umgekehrt. Genau hier liegt aber ein potenzieller Konflikt, mit welchem sich die CRE-Manager auseinandersetzen müssen. Bei genauerem Hinsehen scheint eine reine Top-down-Hierarchie zwischen Business und CREM nicht sonderlich angebracht, sondern eine Wechselwirkung zwischen klar definierten Vorgaben des Kerngeschäftes einerseits und deren Rückkopplung mit den immobilienwirtschaftlichen Realitäten andererseits. Die Abb. 2.3 veranschaulicht diesen Prozess (Glatte 2014, S. 13).

Warum sollte dies so sein? Ein Blick in die Bilanzen deutscher Unternehmen verrät, dass diese immer noch sehr hohe Immobilienvermögen ausweisen (5 % bis 20 % des Anlagevermögens). Die Rückfrage in den Immobilienabteilungen bestätigt die nach wie vor sehr hohen Eigentumsquoten im Immobilienportfolio (siehe Abb. 2.2). Bei detaillierten Nachfragen zu den immobilien- oder arbeitsplatzbezogenen Kosten, die eine recht hohe Transparenz hinsichtlich der Prozesse, des Immobilienbestandes und letztendlich der Kosten erfordern, dünnt sich die Zahl der Ansprechpartner aufgrund des sehr heterogenen Reifegrades der jeweiligen Immobilienabteilungen in den Konzernen zudem sehr schnell aus. Dabei ist nicht einmal zu erkennen, dass wirtschaftlich schwächere Unternehmen wegen des Kostendrucks eine höhere Transparenz haben als vermeintlich renditestarke Unternehmen.

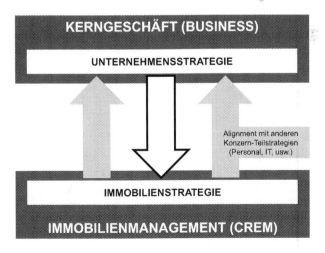

Abb. 2.3 Wechselwirkungen von Kerngeschäft und CREM

Hintergrund dessen ist die Tatsache, dass in vielen Unternehmen der Abgleich zwischen Unternehmens- und Immobilienstrategie und somit zwischen operativen Anforderungen und immobilienwirtschaftlicher Umsetzung als Einbahnstraße verstanden wird – die CREM-Abteilung also als reiner Abwickler von operativen Vorgaben tätig ist. Das Ergebnis sind mangelnde Transparenz, ein umfangreiches Portfolio von nicht betriebsnotwendigen oder nicht effizient genutzten Flächen und somit hohe Immobilienkosten, welche letztendlich zu nicht wettbewerbsfähigen Betriebs- und Arbeits(platz)kosten führen.

Gerade die unflexible, „immobile" Wesensart einer Immobilie macht es durchaus notwendig, aus der innerbetrieblichen strategischen Einbahnstraße einen Gegenverkehr werden zu lassen (siehe Abb. 2.3). Im heutigen dynamischen und anspruchsvollen Wirtschaftsumfeld zählen insbesondere Flexibilität, Schnelligkeit und Renditestärke. Dies alles sind Vorgaben, wofür die Immobilien im klassischen Investmentmarkt nicht gerade bekannt sind. Dort werden Immobilien – vor allem bei Versorgungswerken – als Portfoliobeimischung insbesondere wegen ihrer Stabilität und Sicherheit unter Inkaufnahme von niedrigeren Renditen geschätzt.

2.3   Ziele und Erfolgsmessung im CREM

Es ist nicht nur logisch, sondern auch betriebswirtschaftlich sinnvoll, einen Abgleich zwischen Unternehmensstrategie und Immobilienstrategie gerade hinsichtlich der Ziele und der Erfolgskenngrößen für das betriebliche Immobilienmanagement herzustellen. Dabei geht es insbesondere auch um Vorgaben und deren Machbarkeit. Die Widersprüche im jeweiligen Wertbeitrag lassen sich insbesondere an quantitativen Kenngrößen wie der möglichen Rendite oder qualitativen Kenngrößen wie Flexibilität – also der zeitlichen Verfügbarkeit und Marktgängigkeit – sowie Zufriedenheitsgraden darstellen.

Eines der gängigen Ziele von Unternehmen ist die Steigerung der eigenen Rentabilität. Hierbei bietet sich dem CREM eine Möglichkeit, einen wichtigen Beitrag zum Unternehmenserfolg zu leisten. Dabei steht jedoch weniger die einzelne Immobilie als vielmehr die Gesamtheit der Immobilien und Liegenschaften des Unternehmens im Vordergrund. Hinsichtlich der monetären Zielstellungen ergeben sich für ein professionelles CREM grundsätzlich drei Ansätze:

- Erwirtschaften von Erträgen durch die Erkennung von Wertsteigerungs- und Veräußerungspotenzialen und deren Realisierung bei nicht betriebsnotwendigen Liegenschaften

- Effiziente Steuerung der zur Verfügung gestellten Ressourcen (z. B. Kosten-budgets, Personal) durch Fokussierung auf langfristig wichtige (strategische) oder kerngeschäftskritische Maßnahmen
- Reduktion der Ausgaben durch die Erkennung von Kostensenkungs-potenzialen und deren Implementierung bei betriebsnotwendigen Liegen-schaften

Die Schwierigkeit des CREM besteht jedoch insbesondere darin, diese Möglich-keiten auszuschöpfen, ohne das Kerngeschäft des Unternehmens grundsätzlich zu verändern oder anderweitig zu beeinträchtigen. Um diese Maßnahmen zudem noch nachhaltig, also längerfristig, wirken zu lassen, gilt es für Grundstücke und Gebäude ein Optimum zu finden aus:

- möglichst geringem Leerstand
- Erweiterungsfähigkeit
- Flexibilität und Anpassbarkeit an Veränderungen des Unternehmens und
- Sicherung der langfristigen Drittverwendungsfähigkeit

In Abschn. 2.2 wurde bereits herausgearbeitet, dass die Immobilien immer noch 5 % bis 20 % des Anlagevermögens eines Unternehmens ausmachen. Zudem stellen die immobilienwirtschaftlichen Kosten je nach Kerngeschäftsbranche und Unternehmensgröße 10 % bis 20 % der Gesamtkosten eines Unternehmens dar. Diese unterteilen sich in Kostenarten wie Kapitalkosten (Verzinsung von Eigen- und Fremdkapital), Abschreibung, Betriebskosten (Gebäudemanagement und Facility Services), Bauunterhaltungskosten, Verwaltungskosten und Steuern (siehe Abb. 2.4). Sie sind zudem bei wissensintensiven Unternehmen zumeist der zweitgrößte Kostenblock nach den Personalkosten (Pfnür 2014, S. 22).

Damit wird Kosteneffizienz, also der hinsichtlich des möglichen Outputs opti-mierte Einsatz der vorhandenen finanziellen Mittel, zu einem der wesentlichen Ziele für ein professionelles CREM. Mögliche Einsparungspotenziale werden insbesondere dann deutlich, wenn man bedenkt, dass viele Unternehmen in der Vergangenheit nicht über ein aktives Immobilien- und Liegenschaftsmanagement verfügten oder dieses nur in geringem Umfang professionell umsetzten. Die ers-ten Ansätze gab es meist in der Betreiberphase der Immobilie mithilfe der Imple-mentierung eines professionellen Facility Managements. Dies ist aber nur der erste Schritt auf dem Weg zu einer umfassenden, ganzheitlichen Betrachtung der Unternehmensimmobilien im Sinne von Kostenoptimierungen.

Grundsätzlich kann die Erfüllung der operativen und strategischen Unter-nehmensziele im Immobilienbereich durch eine Vielzahl von Detailaufgaben

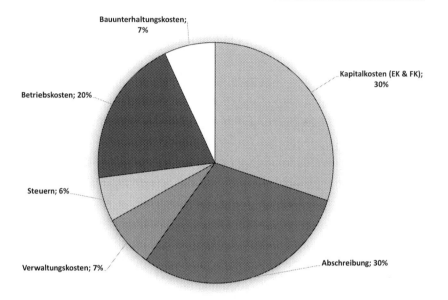

Bauunterhaltungskosten; 7%

Kapitalkosten (EK & FK); 30%

Betriebskosten; 20%

Steuern; 6%

Verwaltungskosten; 7%

Abschreibung; 30%

Abb. 2.4 Immobilienkostenarten und deren Verteilung

unterstützt werden. Folgende Auflistung bietet – ohne Anspruch auf Vollständigkeit – einige wesentliche Ansätze:

- Frist-, budget- und qualitätsgerechte Flächenbereitstellung
- Optimierung von Nutzerzufriedenheit und (Kosten-)Aufwand
- Erhöhung der Nutzerproduktivität durch bessere Arbeitsumgebungen
- Optimierung der Nutzungseffizienz (Auslastung von Infrastrukturen und Energien, Flächennutzung usw.)
- Vermeidung von Leerstand (ungenutzt oder überflüssig)
- Sicherung von notwendigen Erweiterungsoptionen zu minimalen Kosten
- Generieren von Cashflow (durch Verkauf nicht betriebsnotwendiger Immobilien)
- Steuerliche Optimierung bei Ausnutzung der sich bietenden Vorteile
- Vertragsmanagement und Schaffung von vertraglichen Rahmenbedingungen, welche Folgendes ermöglichen:
  - größtmögliche Flexibilität
  - minimale Kosten
  - minimale Haftungen bzw. Verbindlichkeiten

- Ausgewogene Risikobetrachtung und Vermeidung von Risiken
- Sicherung von langfristigen Verwertungspotenzialen durch möglichst hohe Marktnähe und Drittverwendungsfähigkeit von
  - gewähltem Standort und
  - gewählter baulicher Ausführung

Ein gängiges Instrument zur *quantitativen* Messung von Erfolgszielen ist die Ableitung von Rentabilitätskennzahlen aus den Erfolgskenngrößen, wobei unter *Rentabilität* im Allgemeinen die Fähigkeit zu verstehen ist, die aus einem Geschäftsprozess erwachsenden Aufwendungen (Kosten) durch entsprechende Einnahmen (Erträge) abzudecken.

Sehr häufig wird der Begriff *Rendite* als Ausdruck einer Rentabilität verwandt. Darunter ist der jährliche Gesamtertrag eines angelegten Kapitals zu verstehen, welcher zumeist in Prozenten des angelegten Kapitals ausgedrückt wird. Mit Blick auf ein Non-Property-Unternehmen bleiben die aus Immobilien-Investments zu erzielenden (Vergleichs-)Renditen üblicherweise hinter den Renditeerwartungen an das Kerngeschäft zurück. Je nach Immobilienart und Risikoprofil sind Renditen zwischen 3 % und 8 % für klassische Immobilieninvestments marktüblich. Renditeerwartungen an Kerngeschäftsfelder beginnen bei vielen Corporates jedoch erst oberhalb dieses Bereiches.

Diese Messgrößen für einen „Erfolg" hinsichtlich der Rendite der Immobilie sind auf eine Investorensicht ausgerichtet. Es stellt sich grundsätzlich die Frage, ob dieser Ansatz für einen Corporate überhaupt anwendbar ist, denn dessen Sicht auf die Immobilie ergibt sich im Wesentlichen aus ihrer Nutzung. Diese Nutzung leitet sich aus einem vorhandenen Bedarf ab, welcher wiederum aus den Notwendigkeiten des Kerngeschäftes resultiert. Diese definieren letztendlich den Standort der Immobilie, ihre baulichen Gegebenheiten (Architektur, Innenausbau usw.) sowie – wünschenswerterweise – auch die damit verbundenen kaufmännischen und rechtlichen Aspekte.

Eine wesentliche *qualitative* Erfolgskenngröße des CREM ist daher die Nutzerzufriedenheit. Mit dieser in einem direkten Zusammenhang stehend ist als quantitative Kenngröße ebenfalls die Nutzerproduktivität zu nennen. Eine Studie der TU Darmstadt ermittelte allein hinsichtlich des Vorhandenseins unterschiedlicher Büroflächenkonzepte Produktivitätsabweichungen von bis zu 20 % (Krupper 2011, S. 26). Um jedoch Produktivitätsgewinne heben zu können, sind Eingriffe in traditionelle Flächennutzungskonzepte und somit auch in Betriebsabläufe, Hierarchieverständnisse, an der Vergabe von vermeintlichen Statussymbolen (z. B. Einzelbüro, Parkplatz, etc.) orientierte Personalkonzepte und die Verfügbarkeit von IT-Tools unvermeidlich.

Hier zeigt sich eine weitere Notwendigkeit der Rückkopplung immobilienwirtschaftlicher Strategien mit gesamtunternehmerischen Vorgaben. Ein dies-
bezüglicher Erfolg ist nur bei ganzheitlicher Vorgehensweise, im Schulterschluss
mit anderen funktionalen Facheinheiten wie Personal und IT sowie deren fach-
bezogenen Teilstrategien zu erreichen (siehe Abb. 2.3). Andererseits zeigt sich
gerade bei diesen Aspekten auch eine hohe Schnittmenge zwischen den Zielstellungen eines professionellen CREM und einem proaktiv agierenden Kerngeschäft. Beide innerbetrieblichen Stakeholder verfolgen hier ursächlich gleiche
Ziele.

Darauf aufbauend lässt sich zusammenfassen, dass trotz grundsätzlicher strate-
gischer Richtungskompetenz des Kerngeschäftes ein Alignment zwischen Unter-
nehmens- und Immobilienstrategie wesentlich ist für den betriebswirtschaftlich
effizienten und personalwirtschaftlich effektiven Umgang mit dem Betriebsmittel
„Immobilie" und damit letztendlich für einen gesamtunternehmerischen Erfolg.
Es muss jedoch noch einmal festgestellt werden, dass auch ein professionelles
Immobilienmanagement lediglich innerhalb des vom Kerngeschäft vorgegebenen
Rahmens eine immobilienspezifische Optimierung durchführen kann.

Datenmanagement als Basis eines professionellen CREM

3

3.1 Transparenz – aller Anfang ist schwer

Ohne eine geeignete Datenbasis ist kein professionelles Management möglich. Daher sollte auch die Grundlage allen Tuns im Immobilienmanagement eine ausreichende Datentransparenz sein. In internationalen, heterogenen Portfolios von Betriebsimmobilien stellen sich gesonderte Herausforderungen wie Datenverfügbarkeit, heterogene Systemlandschaften, unterschiedliche Maßsysteme, unterschiedliche Herangehensweisen im Rechnungswesen, etc.

Sehr schnell verzettelt sich der Praktiker in der Frage, welche Daten erhoben werden sollten. Hierzu muss er eigentlich nur wissen, was er als CRE-Manager zu steuern gedenkt. Die Festlegung der künftigen Steuerungsgrößen (Output) ist eine wichtige Voraussetzung für die Definition der zu erfassenden Daten (Input). Die Frage nach den richtigen Steuerungsgrößen kann jedoch nur derjenige guten Gewissens beantworten, der auch eine entsprechende, aus der Unternehmensstrategie abgeleitete Immobilienstrategie (siehe Abb. 2.3) erstellt hat. Damit lässt sich folgendes, schrittweises Vorgehen zusammenfassen:

1. Unternehmensstrategie (Kerngeschäftsstrategie)
2. Immobilienstrategie (CREM-Strategie)
3. CREM-Steuerungsgrößen (Output)
4. zu erfassende Daten (Input)

© Springer Fachmedien Wiesbaden GmbH, ein Teil von Springer Nature 2019
T. Glatte, *Corporate Real Estate Management,* essentials,
https://doi.org/10.1007/978-3-658-26861-9_3

3.2 Weniger ist mehr – Fokus statt Sammelwut im Datenmanagement

Natürlich ist das Umfeld eines Immobilienmanagers komplex und vielfältig. Professionalität im Umgang mit dieser Komplexität zeigt sich jedoch nicht darin, möglichst viele Steuerungsgrößen zu entwickeln und, als logische Konsequenz, auch eine Vielzahl von Daten zu erfassen. Das Gegenteil ist der Fall. Der Fokus auf das Wesentliche ist von extremer Wichtigkeit im Management von Immobilien – insbesondere, wenn das Portfolio international geprägt und heterogener Natur ist.

Neben der in Abschn. 3.1 dargestellten Vorgehensweise ist ebenfalls wichtig zu definieren, welche Ebene der immobilienwirtschaftlichen Wertschöpfung (Portfolio Management, Asset Management, Property Management, Gebäudemanagement oder Facility Services – siehe Abb. 1.1) hinsichtlich ihrer Daten erfasst werden soll. Nur sehr wenige, bereits ganzheitlich aufgestellte und vollumfänglich mandatierte CRE-Abteilungen werden die Vielzahl von operativen, taktischen und sehr strategisch ausgerichteten Informationen gleichzeitig benötigen. Aber auch nur derartige Organisationen sind wirklich in der Lage, diese vielen Informationen nicht nur einmalig zu erheben, sondern auch fortzuschreiben.

Und gerade hierin besteht die größte Herausforderung. Die einmalige Erhebung aller Informationen ist – in Abhängigkeit des Immobilienportfolios – mit einem entsprechenden Aufwand gegebenenfalls noch machbar. Jede zu erfassende Information sollte aber immer hinsichtlich ihrer Sinnhaftigkeit und ihrer Nachhaltigkeit hinterfragt werden:

a) Wofür wird diese Information künftig benötigt?
b) Wer wird diese Information künftig aktualisieren („Datenpfleger")?
c) Hat der Datenpfleger die Fachkompetenz und die (insbesondere zeitlichen) Ressourcen, diese Daten künftig zu pflegen?

Mit diesen Fragen ist der CRE-Manager in der Lage, seine wahrscheinlich sehr lange Wunschliste auf ein realistisches Maß zusammenzustreichen. Dies ist zwar einerseits bedauerlich, andererseits aber sehr vorteilhaft. Ein schlecht gepflegtes System ist letztlich ein „Datenfriedhof", welcher nicht nur unprofessionell sondern auch unglaubwürdig ist.

Immobilienmanager, die nur Teilbereiche eines vollumfänglichen CREM bearbeiten, sollten also im Zuge des zu bearbeiten Teilschrittes *(2) Immobilienstrategie* (vgl. Abschn. 3.1) ihre Ausgangslage und ihr kurz- bis mittelfristiges

Zielbild hinsichtlich Leistungsspektrum und Wertschöpfungstiefe (vgl. Abschn. 4.3) realistisch einschätzen. Nur auf einer solchen Basis sollten sie dann Art und Anzahl der systemseitig zu erfassenden Informationen festlegen.

Dabei spielt auch eine Rolle, eine angemessene Balance zwischen der Anzahl der Informationen (Informationsmenge) und der Anzahl der zu erfassenden Standorte (Standortmenge) zu finden (siehe Abb. 3.1).

Je weniger Liegenschaften erfasst werden, umso mehr Informationen können sinnvollerweise pro Liegenschaft erfasst werden. Dies ist insbesondere für Systeme von Interesse, die den Fokus auf die operativen Aufgaben des Immobilienmanagements haben, d. h. das Gebäudemanagement und Facility Services (Ebene (O) in Abb. 3.1).

Genau das Gegenteil ist der Fall, wenn das primäre Interesse auf den strategischen Aufgaben liegt, also das Portfolio- und Asset Management (Ebene (S) in Abb. 3.1).

Ein über alle Wertschöpfungsebenen integriertes System muss wiederum die Balance finden, um letztlich noch steuerbar zu sein (Ebene (G) in Abb. 3.1).

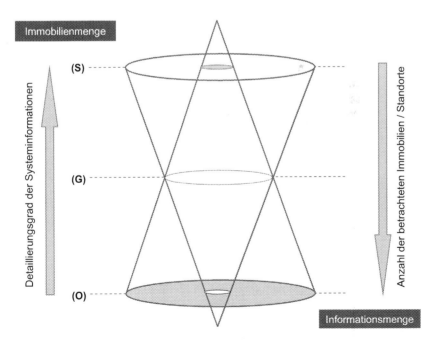

Abb. 3.1 Trichtermodell für Immobilieninformationssysteme

Portfolio, Organisation und Sourcing immobilienwirtschaftlicher Leistungen

4

4.1 Herausforderung Betriebsimmobilie

In den vorherigen Kapiteln wurde herausgearbeitet, dass sich Betrachtungsweise und Umgang in Bezug auf die Immobilie im CREM sehr wohl von denen des institutionellen Immobilienmanagements unterscheiden. Nun stellt sich die Frage, mit welcher Art von Immobilien – oder Assetklasse – sich ein CRE-Manager auseinanderzusetzen hat. Dies kann sehr unterschiedlich sein. Es hängt davon ab, welche Art von Kerngeschäft das Unternehmen betreibt. Eine Bank hat üblicherweise ein eigengenutztes Portfolio für Hauptverwaltungen und Call Center (Büroimmobilien), Zweigstellen (Einzelhandelsimmobilien) und Rechenzentren (Spezialimmobilien). Ein Industrieunternehmen wiederum kann oft eine weitreichende Palette von Verwaltungs-, Forschungs-, Fertigungs- und Logistikaktivitäten vorweisen. Damit könnten sich letztlich in einem solchen Unternehmen alle vorstellbaren Assetklassen im Immobilienportfolio des CRE-Managers wiederfinden. Die jeweiligen Assetklassen sind (auch abhängig davon, ob Eigentum oder die Immobilien Dritter genutzt werden) von sehr unterschiedlicher Komplexität – müssen jedoch gleichermaßen professionell beschafft, bewirtschaftet und letztlich auch wiederverwertet werden. Abb. 4.1 bietet eine Übersicht über alle Immobilienarten, die ein CRE-Manager je nach Unternehmen ggf. verantworten muss. Sie betrachtet dabei die Managementkomplexität der jeweiligen Immobilien-Assetklassen, aufgeteilt nach den Kriterien des kaufmännischen, technischen und infrastrukturellen Gebäudemanagements (Glatte 2012, S. 35).

Ein Vergleich der Betriebsimmobilie mit der reinen Investorensicht ist zudem nur dann sinnvoll, wenn die betreffende Immobilie hinsichtlich ihrer Art und Lage umfassend marktgängig ist. Die Marktgängigkeit einer betrieblichen Immobilie leitet sich jedoch im Wesentlichen aus ihrer Drittverwendungsfähigkeit

© Springer Fachmedien Wiesbaden GmbH, ein Teil von Springer Nature 2019
T. Glatte, *Corporate Real Estate Management*, essentials,
https://doi.org/10.1007/978-3-658-26861-9_4

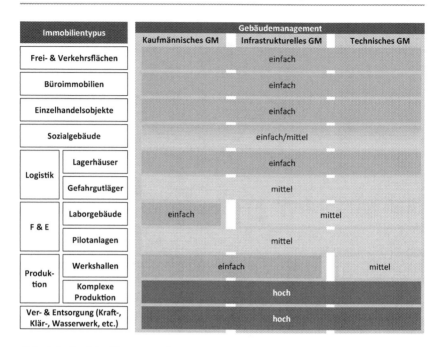

Immobilientypus		Gebäudemanagement		
		Kaufmännisches GM	Infrastrukturelles GM	Technisches GM
Frei- & Verkehrsflächen		einfach		
Büroimmobilien		einfach		
Einzelhandelsobjekte		einfach		
Sozialgebäude		einfach/mittel		
Logistik	Lagerhäuser	einfach		
	Gefahrgutläger	mittel		
F & E	Laborgebäude	einfach		mittel
	Pilotanlagen	mittel		
Produk-tion	Werkshallen	einfach		mittel
	Komplexe Produktion	hoch		
Ver- & Entsorgung (Kraft-, Klär-, Wasserwerk, etc.)		hoch		

Abb. 4.1   Grad der Managementkomplexität betrieblich genutzter Immobilien

ab. Diese ist bei Corporate Real Estate oft nur bedingt gegeben. Vergleichsweise einfach ist die Drittverwendungsfähigkeit im Fall von Verwaltungsgebäuden, solange deren Lage eine Büronutzung zulässt.

Industriell bzw. gewerblich produzierende Unternehmen sind aus vielfältigen Gründen (Immissionsschutz, Verkehrsanbindung, Grundstückspreise usw.) gezwungen, Standorte am Rande oder weit außerhalb von urbanen Siedlungs-gebieten aufzubauen und weiterzuentwickeln. Im Falle von Verschiebungen der Produktionskapazitäten, welche zu einer Reduktion der Standortausnutzung füh-ren, sind alternative Nutzungen nur begrenzt darstellbar. Vergleichsweise ein-fach ist eine Umnutzung oder Verwendung durch Dritte noch möglich, wenn es sich um standardisierte Produktions- und Lagerhallen handelt. Diese kön-nen einer Verwertung zugeführt werden – gegebenenfalls mit Abschlägen auf-grund verschiedenster nutzerspezifischer Besonderheiten bei Konstruktion, Ausbau, Anbindung oder Verwendung der Immobilie. Das Schaffen von Vor-gaben i. S. von marktüblichen und somit vermarktungsfähigen Bau- und Ausbau-standards für Industrie- und Lagerhallen würde hier jedoch die Anzahl von nicht marktfähigen und somit nicht verwertbaren Spezialimmobilien im Unternehmen verringern helfen. Dies wäre beispielsweise ein möglicher Wertbeitrag aus einem Zusammenführen von Immobilien- und Unternehmensstrategie.

Die bei Produktions- und Lagereinrichtungen noch einfach nachvollziehbaren Aspekte einer schwer darstellbaren Drittverwendungsfähigkeit können jedoch auch bei anderen Immobilienarten, z. B. Büroimmobilien, zutreffen. So ist beispielsweise grundsätzlich die Notwendigkeit zu hinterfragen, Verwaltungsbauten innerhalb von Produktionsstandorten oder in peripheren Gewerbegebieten und nicht an bürospezifischen Standorten zu errichten. Derartige Büroimmobilien können bei Leerständen kaum einem Markt zugeführt werden und sind somit de facto eine Spezialimmobilie, die für einen externen Financier zu risikoreich ist. Damit belasten derartige Immobilien letztendlich als Kostenblock das Kerngeschäft.

Will sich eine CREM-Abteilung vom passiven Verwalter der Liegenschaften zu einem proaktiven Manager des Portfolios entwickeln, so ergeben sich einige weitere Ansätze. Diese zielen im Wesentlichen darauf ab, das betriebliche Immobilienportfolio selbst ein Stück näher an den klassischen Markt heranzurücken. Grundsätzlich kann dies durch eine entsprechende Standortwahl sowie einen unter Berücksichtigung einer möglichen Drittverwendbarkeit definierten Bau- und Ausbaustandard geschehen. In den Diskussionen um genau diese Aspekte bekommt der ambitionierte CRE-Manager jedoch schnell seinen internen „Mietermarkt" zu spüren, und zwar zu Unrecht, wie ein differenzierter Blick auf das Immobilienportfolio in Abb. 4.2 zeigt (Glatte, Entwicklung betrieblicher Immobilien 2014, S. 17).

Es ist sicherlich richtig, dass komplexere Produktionsanlagen wie auch produktionsnahe Infrastrukturen schon rein baurechtlich nur in ausgewiesenen Gebieten – und üblicherweise in sehr peripheren Randlagen – errichtet werden können. Diese sind zudem meist sehr stark an spezifische Produktionsprozesse geknüpft und somit fast nicht standardisierbar. Eine Drittverwendbarkeit ist daher kaum gegeben und aus Wettbewerbsgründen oft nicht gewollt.

Differenzierter stellt es sich jedoch bei den anderen Immobilienarten dar. Bereits normale Werkshallen und Labore können – ein entsprechendes gewerbliches oder industrielles Umfeld vorausgesetzt – durchaus für Dritte interessant sein. Hierzu müssen die Gebäude jedoch bereits bei der Standortwahl räumlich positioniert sowie entsprechend markttauglich gebaut oder mit einfachen Mitteln umrüstbar sein. Dies erfordert von Anbeginn ein Einfließen von Kriterien und Anforderungen des klassischen Immobilienmarktes in die Standortwahl, die Werksplanung sowie die letztendliche Bauplanung.

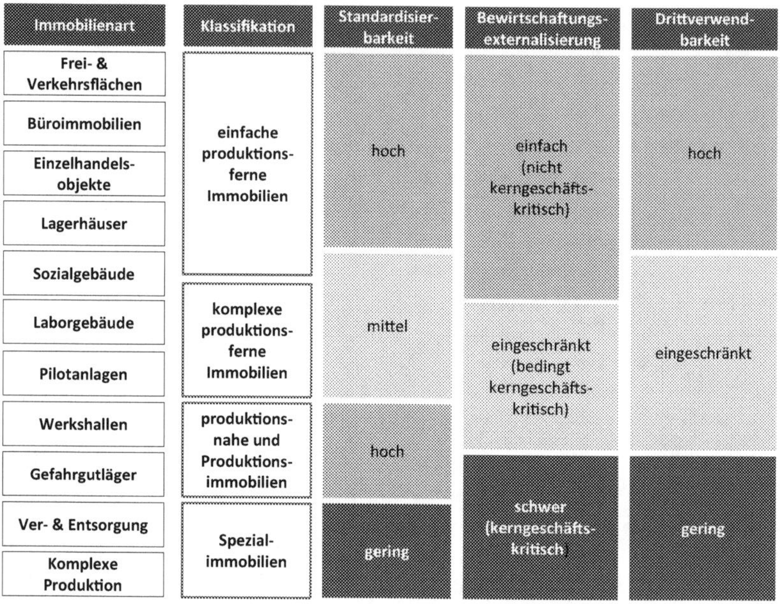

Immobilienart	Klassifikation	Standardisierbarkeit	Bewirtschaftungsexternalisierung	Drittverwendbarkeit
Frei- & Verkehrsflächen				
Büroimmobilien / Einzelhandelsobjekte / Lagerhäuser	einfache produktionsferne Immobilien	hoch	einfach (nicht kerngeschäftskritisch)	hoch
Sozialgebäude				
Laborgebäude / Pilotanlagen	komplexe produktionsferne Immobilien	mittel	eingeschränkt (bedingt kerngeschäftskritisch)	eingeschränkt
Werkshallen / Gefahrgutläger	produktionsnahe und Produktionsimmobilien	hoch		
Ver- & Entsorgung / Komplexe Produktion	Spezialimmobilien	gering	schwer (kerngeschäftskritisch)	gering

Abb. 4.2 Marktgängigkeit betrieblicher Immobilien

Dafür sind aber Marktkenntnis sowie die Einsicht erforderlich, dass Immobilien zwar langfristig ausgelegte Investitionen darstellen, aber nicht für die Ewigkeit geschaffen werden – weder aus der Sicht der Nutzungskonzepte noch aus der Sicht der Nutzung an sich. Diese Überlegungen spielen in der Sicht des Kerngeschäftes eines Unternehmens üblicherweise kaum eine Rolle. Businesspläne mit negativem Ausgang haben nun einmal wenig Aussicht auf Managementsupport. Der Umgang mit Exit-Szenarien zeigt somit auch in einem gewissen Umfang den Reifegrad der CREM-Organisation in einem Industrieunternehmen. Ziel ist hierbei nicht die Umkehr des internen „Mietermarktes" in einen „Vermietermarkt", sondern eine sinnvolle Balance zwischen den Interessen des Kerngeschäftes und den immobilienwirtschaftlichen Realitäten.

4.2 Herausforderung CREM-Organisation

Nicht nur Art und Umfang der betrieblichen Immobilienportfolien unterscheiden sich von Unternehmen zu Unternehmen. Auch die Art des betrieblichen Immobilienmanagements schwankt beträchtlich. Anfang der 1990er Jahre haben sich in Deutschland insbesondere die börsengelisteten Großunternehmen wie auch die Wissenschaft des Themas angenommen. Nachdem in den Unternehmen CREM-Abteilungen etabliert, nicht betriebsnotwendige Immobilien abgestoßen und einige Grundstrukturen eingerichtet wurden, ist es wieder relativ ruhig um das Thema „CREM" geworden. In nicht wenigen Unternehmen führen die Immobilienabteilungen ein wenig nachvollziehbares Schattendasein (Uttich 2011). Dies ist umso weniger nachvollziehbar, als das immobile Anlagevermögen und die immobilienwirtschaftlichen Dienstleistungen in vielen Unternehmen – wie oben ausgeführt – immer noch zu den größten Kostenfaktoren zählen.

CREM-Organisationen agieren innerhalb ihrer Unternehmen in unterschiedlichen Strukturen, Zuständigkeiten und unterschiedlichen Reifegraden. Der Reifegrad leitet sich aus dem (internen) Mandat ab. Nur wenige CREM-Abteilungen im deutschsprachigen Raum können bisher von sich behaupten, dass sie in ihrem Unternehmen ein vollumfängliches Mandat zum Immobilienmanagement über alle in Abb. 1.1 dargestellten Managementebenen haben. Nicht selten werden nur Teilaspekte aus dem Leistungsumfang eines ganzheitlichen (betrieblichen) Immobilienmanagements bearbeitet. Dies können beispielsweise nur Transaktionen oder Bauleistungen sein oder eine strategische „Beratung" in Form einer vorstandsnahen Stabsfunktion oder lediglich die operative Bewirtschaftung von Immobilien i. S. eines Gebäudemanagements oder lediglich die Beauftragung derartiger Leistungen als Einkaufsleistung. Auch hier ist die Liste der möglichen Konstellationen beliebig lang. Des Weiteren gibt es oft auch Unterschiede in der regionalen Ausprägung der Mandatierung innerhalb eines Unternehmens. Oft sind Leistungsspektrum und Leistungstiefe einer CREM-Abteilung im Heimatland des Unternehmens deutlich höher als im Ausland.

4.3   Portfolio versus Organisation – Abhängigkeiten und Stellhebel

Die Abschn. 4.1 und 4.2 haben hergeleitet, dass Art und Umfang der betrieblichen Immobilienportfolien wie auch die Landschaft der organisatorischen Einbindung des betrieblichen Immobilienmanagements innerhalb von Unternehmen noch sehr heterogen sind. Es stellt sich folglich die logische Frage, wie bei einer derartig schwierigen Ausgangslage ein einheitliches und strukturiertes Vorgehen überhaupt möglich ist. Dies ist sicher nicht einfach, aber machbar.

Das Immobilienmanagement und damit dessen Prozesse und Systeme sind auf die Rahmenbedingungen eines CRE-Managers abzustimmen. Diese leiten sich aus drei Dimensionen ab:

• die Art des zu betreuenden Immobilienportfolios (homogen versus heterogen) oder der Umfang der zu betreuenden Assetklassen (singulär, d. h. beschränkt auf eine einzelne Assetklasse versus Komplettportfolio der Immobilien im Unternehmen),
• die regionale Verteilung des Immobilienportfolios (lokal versus global),
• Leistungsspektrum und Wertschöpfungstiefe der Immobilienorganisation (Mandat für Teilbereiche versus Komplettverantwortung).

Dabei ist zu beachten, dass die Geschäftswelt in ständiger Bewegung ist. Dies betrifft nicht nur das Marktumfeld eines Unternehmens, sondern auch die Strukturen eines Unternehmens selbst. Es ist daher im Interesse eines strukturierten Vorgehens notwendig, eine unmittelbare Positionsbestimmung („Ausgangslage")

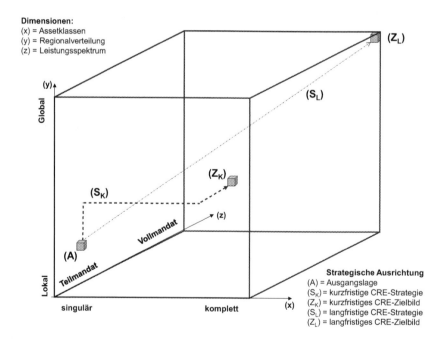

Abb. 4.3 Würfelmodell der Organisationsentwicklung im CREM

im Umfeld der vorgenannten drei Dimensionen vorzunehmen (siehe Abb. 4.3). Daraus sind – abgeleitet aus der Unternehmensstrategie – die unmittelbar folgenden strukturellen und organisatorischen Schritte abzuleiten. Dies ist die kurzfristige CRE-Strategie. Darüber hinaus gebietet es sich von selbst, auch ein langfristig orientiertes Zielbild zu entwickeln, also die langfristige CRE-Strategie.

Wichtig ist im Ergebnis, die eigene Situation zu erkennen und den Fokus auf das Wesentliche zu bewahren sowie die Prozess- und Systemlandschaft auf (Weiter-)Einwicklungsmöglichkeiten abzustellen. Dabei ist klar zu umreißen, was der Aufgabenbereich des CRE-Managers hinsichtlich zu betreuender Assets (also Grundstücke und Gebäude), immobilienwirtschaftlicher Dienstleistungen und zu verantwortender eigener Mitarbeiter ist. Daraus leiten sich die Steuerungsgrößen hinsichtlich der Kosten, der Kontraktoren wie auch des Personalstandes ab. Dieses ist durch geeignete Prozesse zu definieren, um die erwünschte Performance zu erzielen. Es versteht sich von selbst, dass bei nachhaltiger Steuerung alle Einflussfaktoren – Verantwortungsbereich, Steuerungsgrößen, Prozesse und Performance – sich wechselseitig beeinflussen und verändern (siehe Abb. 4.4).

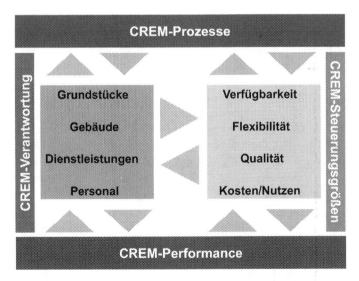

Abb. 4.4 Leistungsmodell des betrieblichen Immobilienmanagements

Natürlich können Prozesse keine bahnbrechenden Geschäftsideen und Inno-
vationen ersetzen. Sie sind lediglich geschäftsunterstützend wirksam und sollen durch Struktur sowie Transparenz den Unternehmenserfolg steigern oder
nachhaltig sichern. Die Integration von Prozessen und Systemen erfordert dabei
durchaus Geduld und zum Teil akribische Detailarbeit – Tugenden, die im heutigen Geschäftsumfeld nicht immer Wertschätzung erfahren. Der Aufwand hierfür ist oft schwer in einem Business Case darstell- und rechtfertigbar. Daher wird
diese Form der Grundlagenarbeit nicht selten von Unternehmen gescheut oder
zumindest sehr kritisch betrachtet (Peyinghaus und Zeitner 2013, S. 16).

4.4   Herausforderung Globalisierung

Als eine weitere Herausforderung ist die Globalisierung zu nennen, die auch
vor dem betrieblichen Immobilienmanagement nicht haltmacht. Sie ist sogar ein
wesentlicher Treiber zur Professionalisierung des CREMs. Immer mehr Unternehmen agieren nicht nur international als Exporteur und Importeur. Sie gründen in anderen Ländern auch Niederlassungen für Vertrieb, Logistik, Forschung
und Produktion. Dies ändert das Handeln des CRE-Managers (Hines 1990,
S. 46). Er lernt und begreift oft recht schmerzlich, dass sich sein Aufgabengebiet
sprichwörtlich auf „immobile" Werte bezieht und somit er es ist, der letztlich die
Mobilität vorzuweisen hat. Er muss sich mit anderen Kulturen i. S. von Rechts-
systemen, Geschäftsgebaren, Währungen, Finanzierungsmodellen, Zahlungs-
methoden und Maßsystemen auseinandersetzen – nur um einige Aspekte der
beliebig verlängerbaren Liste von zusätzlichen Komplexitäten zu nennen.
   Der CRE-Manager erkennt dann ebenso die nicht vermeidbare Notwendigkeit, sich einige Kompetenzen für die immobilienwirtschaftlichen Sachverhalte
in den zu betreuenden Ländern anzueignen. Zudem stellt sich ihm grundsätzlich
die Frage, welche Themen auf Ebene des Gesamtportfolios (strategische Ebene)
zu bearbeiten sind sowie welche Aufgaben auf taktischer und operativer Ebene
durch ihn bearbeitet werden oder – interne oder externe – Dritte zu bearbeiten
sind (siehe Abschn. 4.5).
   Dies gilt gleichermaßen für die Umsetzbarkeit von Bewirtschaftungs-
konzepten. In der Fachliteratur bearbeitete und in der Praxis umgesetzte Konzepte beziehen sich oft nur auf ausgewählte Immobilienarten, z. B. Büro-,
Wohn- und Hotelimmobilien. Im betrieblichen Immobilienmanagement sind
die verschiedenen Immobilien jedoch von unterschiedlicher Wichtigkeit für
den Nutzer, also das Kerngeschäft. Fehler in der Bewirtschaftung wie der Aus-
fall der Heizung, Mängel in der Unterhaltsreinigung, etc. ziehen in einem Ver-

waltungsgebäude andere wirtschaftliche Konsequenzen nach sich als in einem Forschungsgebäude oder gar in einer Reinraumfertigung. „*One size fits all*" funktioniert daher gerade bei heterogenen Portfolien nicht. Der CRE-Manager muss sich damit auseinandersetzen, in welchem Umfang die jeweiligen Immobilien für das Kerngeschäft kritisch sind. Je nach Risikozuordnung der Assets, deren Standort und den verfügbaren Dienstleistern und deren Leistungsprofil müssen dann gegebenenfalls maßgeschneiderte Bewirtschaftungskonzepte entwickelt werden.

4.5   Sourcing immobilienwirtschaftlicher Leistungen

Im Zuge der organisatorischen Entwicklung des CREM im Unternehmen wird sich auch regelmäßig die Frage stellen, welche Leistungen selbst erbracht werden und welche am Markt zuzukaufen sind. Dies wird entlang der im jeweiligen CREM-Zuständigkeitsbereich befindlichen Leistungen entlang der Wertschöpfungskette „Beschaffen – Betreuen – Verwerten" wie auch über die komplette Wertschöpfungstiefe „Portfolio Management – Asset Management – Property Management – Gebäudemanagement/Facility Services" geschehen.

Eine pauschale Aussage über das jeweils beste Modell gibt es ebenso wenig, wie es nicht das beste CREM-Modell an sich gibt. Unternehmen und zugehörige CREM-Organisation müssen jeweils ihren eigenen optimalen Weg herausfinden und diesen kontinuierlich an die äußeren und inneren Rahmenbedingungen (des Unternehmens) anpassen.

Grundsätzlich sollte jedoch die oft von Dienstleister- und Beraterseite propagierte Komplettauslagerung des Immobilienbereiches in Dienstleisterhand äußerst kritisch gesehen werden. Verliert das Unternehmen einmal die Beauftragungs- und Beurteilungskompetenz für eine Dienstleistung, dann ist dieser Know-How-Verlust irreparabel und nur längerfristig sowie sehr teuer wiederzuerlangen. Die langjährige Erfahrung des Autors im Sourcing immobilienwirtschaftlicher Leistungen zeigt zudem, dass das Auslagern von Aktivitäten zwar sehr wohl zu Kostenvorteilen führen kann. Die versprochenen Verbesserungen in der Transparenz wurden jedoch gerade in der Immobilienbewirtschaftung nie erreicht, sondern mussten dem jeweiligen Dienstleister hart abgerungen werden.

Spezifische Aspekte des Corporate Real Estate Managements

5

5.1 Corporate Social Responsibility und nachhaltiges Bauen

Seit einigen Jahren spielt bei der Entwicklung von Immobilien die allgemeine Gesellschaftsverantwortung eines Unternehmens, bekannter unter dem englischen Begriff *Corporate Social Responsibility* oder kurz *CSR*, eine immer wichtigere Rolle. Was sich genau hinter diesem allmächtig und allumfassend klingenden Begriff verbirgt, ist schwer zu greifen.

Die Europäische Kommission definiert CSR als

„[…] ein Konzept, das den Unternehmen als Grundlage dient, auf freiwilliger Basis soziale Belange und Umweltbelange in ihre Unternehmenstätigkeit und in die Wechselbeziehungen mit den Stakeholdern zu integrieren" (Europäische Kommission 2001, S. 366, Kap. 2).

Die begriffliche und letztlich die inhaltliche Ausgestaltung des Fachgebietes und dessen Abgrenzung zu ähnlichen Themenfeldern ist bei weitem noch nicht abgeschlossen. Auch der WBCSD *(World Business Council for Sustainable Development),* eine der Institutionen, welche die Thematik intensiv vorantreiben, akzeptiert, dass sich die Ausgestaltung der Begrifflichkeit erst noch umfänglich entwickeln muss.

Grundsätzlich kann jedoch konstatiert werden, dass *Corporate Social Responsibility* das unternehmerische Handeln im gesamtgesellschaftlichen Umfeld betrachtet und dieses somit den Wechselwirkungen mit allen im jeweiligen Fall zutreffenden Stakeholdern aussetzt. Dies umfasst somit gleichermaßen Themen der *Nachhaltigkeit,* der *Corporate Governance* und der *Corporate Citizenship.*

© Springer Fachmedien Wiesbaden GmbH, ein Teil von Springer Nature 2019
T. Glatte, *Corporate Real Estate Management,* essentials,
https://doi.org/10.1007/978-3-658-26861-9_5

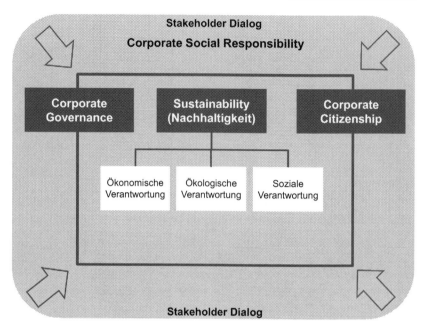

Abb. 5.1 Möglichkeiten für die Erschließung neuer Märkte

Die Einflussfaktoren und Gestaltungsräume im Zusammenhang mit einer Projektentwicklung, insbesondere deren vielfältige Rahmenbedingungen sind ein gutes Beispiel für die Komplexität der CSR. Diese ist in Abb. 5.1 vereinfacht dargestellt (Bassen, Jastram und Meyer 2005, S. 231–236). Dem Thema Nachhaltigkeit (engl.: *sustainability*), hier der *Corporate Social Responsibility* zugerechnet, kommt aus immobilienwirtschaftlicher und insbesondere bautechnischer Hinsicht vor dem Hintergrund des nachhaltigen Bauens (engl.: *green building*) eine Sonderrolle zu. Auch hier sind die Begrifflichkeiten und somit das Verständnis nicht einheitlich.

▷   **Definition für nachhaltiges Bauen nach U.S. Environmental Protection Agency (EPA o. J.)** Green building (also known as green construction or sustainable building) refers to a structure and using process that is environmentally responsible and resource-efficient throughout a building's life-cycle: from siting to design, construction, operation, maintenance, renovation, and demolition. This practice expands and complements the classical building design concerns of economy, utility, durability, and comfort (U.S. EPA 2016).

▶   **Definition nachhaltiges Bauen nach Bundesregierung (BMI o. J.)** Das
    übergeordnete Leitbild einer zukunftsverträglichen Entwicklungs-
    politik – aufbauend auf den drei Dimensionen der Nachhaltigkeit:
    Ökologie, Ökonomie und Soziokultur – stellt den Ausgangspunkt
    für die Entwicklung der Prinzipien und Bewertungsgrundlagen für
    ein nachhaltiges Bauen dar. Dieses Leitbild trägt ökologischen, öko-
    nomischen und soziokulturellen Anforderungen gleichzeitig und
    gleichgewichtig Rechnung und bezieht zukünftige Generationen
    in die Betrachtung mit ein. Darüber hinaus betont es die damit ver-
    bundene individuelle Verantwortung eines jeden und im Speziellen
    die Rolle der öffentlichen Hand im Sinne eines Vorbilds (BMUB Feb
    2016, S. 15).

Daraus leiten sich vielfältige Anforderungen ab, die in drei Kategorien gegliedert
werden können:

- Ökologische Dimension der Nachhaltigkeit
- Ökonomische Dimension der Nachhaltigkeit
- Soziale und kulturelle Dimension der Nachhaltigkeit

Gemäß der *DIN EN 15643 Nachhaltigkeit von Bauwerken – Bewertung der
Nachhaltigkeit von Gebäuden* sind die drei Dimensionen gleichzeitig und gleich-
berechtigt zu beurteilen.

Weltweit hat sich eine Vielzahl von – zumeist landesspezifischen – Systemen zur Zertifizierung von Nachhaltigkeit bei Gebäuden etabliert. Diese Entwicklung ist einerseits positiv und andererseits sehr kritisch zu sehen. Positiv ist
zum einen die Möglichkeit einer Messbarkeit und somit auch einer Vergleichbarkeit von Nachhaltigkeitsaspekten bei Immobilien, zum anderen der mittlerweile
eingetretene Wettbewerb in der Immobilienwirtschaft um möglichst nachhaltig
errichtete und bewirtschaftete Gebäude. Bei Entwicklungen – egal ob Neubau
oder Bestandsobjekt – kommen Projektentwickler, Investoren oder Nutzer heute
nicht mehr am Thema Nachhaltigkeit vorbei.

Kritisch ist jedoch der zwischenzeitlich entstandene Wildwuchs der Zertifizierungssysteme zu sehen. So gibt es in vielen Ländern sogar mehrere lokale
Systeme, die nur schwer miteinander vergleichbar sind. Daher ist es selbst
für Experten schwierig, den Überblick zu behalten und eine Vergleichbarkeit zu gewährleisten. Damit wird das eigentliche Ziel der Zertifizierung – die
Messbarkeit und Vergleichbarkeit – in erheblichem Maße konterkariert. Die
Zertifizierungskosten liegen zwischen 20.000 EUR und 100.000 EUR oder noch

höheren Beträgen für neu errichtete Immobilien. Die in den Publikationen der Zertifizierungsinstitute zumeist angegebenen Gebühren liegen häufig deutlich darunter. Sie umfassen aber oft nicht die gesamten Beratungs- und Gutachterleistungen, die sich bereits ab Beginn der Planungsphase bis hin zur Baubegleitung und Abnahme erstrecken. Daher sind die niedrigen Angaben eher als Lockmittel und weniger als realistische Planungskosten anzusetzen.

Des Weiteren stehen in der nachfolgenden Bewirtschaftungsphase in regelmäßigen Abständen Nachzertifizierungen an. Daher ist nachvollziehbar, dass hier eine regelrechte „Zertifizierungsindustrie" entsteht, die durch immer neue Regelungen im Eigeninteresse auch eine kontinuierliche Nachfrage nach Zertifizierungsprodukten erzeugt.

International gibt es zwei weit verbreitete Zertifizierungssysteme:

- LEED *(Leadership in Energy and Environmental Design)* des Green Building Council in den USA (USGBC o. J.)
- BREEAM *(BRE Environmental Assessment Method)* des Building Research Establishment, Großbritannien (BRE o. J.)

Des Weiteren existieren noch zahlreiche nationale oder regionale Systeme von Wichtigkeit, unter anderem:

- DGNB-System der Deutschen Gesellschaft für nachhaltiges Bauen (DGNB o. J.)
- HQE *(Haute Qualité Environnementale)* der französischen Alliance HQE-GBC France (HQE o. J.)
- GREENSTAR des Green Building Council of Australia (GBCA o. J.)
- MINERGIE des gleichnamigen schweizerischen Vereins (Minergie o. J.)

Corporate Social Responsibility im Allgemeinen und Nachhaltigkeit im Besonderen sind Themenfelder, um die heute kein Corporate Real Manager herumkommen wird – egal ob im Großkonzern oder im mittelständischen Unternehmen. Alle professionell aufgestellten Unternehmen haben sich hierzu bereits grundsätzlich positioniert und werben zumeist auch sehr aktiv mit unternehmensspezifischen Positionen zu CSR-spezifischen Sachverhalten. Diese sind jedoch üblicherweise sehr allgemein gehalten und beziehen sich bestenfalls spezifisch auf Aktivitäten im Kerngeschäft. Dies ist grundsätzlich auch nachvollziehbar und richtig – das Kerngeschäft bestimmt die Leitlinien eines Unternehmens und nicht die Supportfunktionen (siehe hierzu Abschn. 2.2).

Das Immobilienmanagement bietet jedoch gute Ansatzpunkte für das Unternehmen, sich hier proaktiv und offensiv gegenüber den Kunden und Lieferanten, den eigenen Mitarbeitern aber auch dem gesamten gesellschaftlichen Umfeld zu positionieren. Gebäude sind sichtbar und „greifbar". Der Einfluss von Gebäuden auf ihre Nutzer und die Umgebung ist qualitativ „fühlbar" und quantitativ messbar. Dies haben zahlreiche Unternehmen erkannt und sich selbst immobilienspezifische Nachhaltigkeitsstandards (engl.: *sustainability policies*) auferlegt. Auf deren Basis wird einerseits aktiv daran gearbeitet, das eigene Immobilienportfolio nach Nachhaltigkeitskriterien zu bewerten und Zug um Zug unter diesen Gesichtspunkten aufzuwerten. Ein solcher immobilienwirtschaftlicher Nachhaltigkeitsstandard – selbstverständlich abgeleitet aus den übergeordneten CSR-Unternehmensleitlinien des Unternehmens – bietet jedoch eine große Chance, die oft wenig greifbaren CSR-Ziele recht konkret und griffig werden zu lassen.

Eine Untersuchung der Nachhaltigkeitsstandards großer Unternehmen wie ABB, BASF, BMW und Siemens zeigte auf, welche Aspekte hier beispielsweise einfließen könnten (Erneker und Glatte 2012, S. 99):

- *Nachhaltigkeit der Gebäude, z. B.* durch Nachhaltigkeitsaspekte bei der Standortwahl, Nutzung von erneuerbaren Energien, Einsatz nachhaltiger Materialen bei Bau und Innenausbau, effizientem Gebäudemanagement
- *Nachhaltiges Management der Ressourcen, z. B.* über Monitoring der Energie- und Wasserverbräuche, Abfallentsorgungssysteme (Recycling), Identifikation von Einsparmaßnahmen; Messung des CO_2-Ausstoßes (engl.: *carbon footprint*)
- *Lebenszykluskostenanalyse:* Auswahl von Materialien, die nicht nur die niedrigsten Herstell- oder Beschaffungskosten haben, sondern die beste Wirkung über den gesamten Lebenszyklus hinweg zeigen
- *Nachweis der Nachhaltigkeit durch Zertifizierung:* Anwendung der gängigen Zertifizierungssysteme für Neubauten, Bestandsbauten oder auch die Bewirtschaftung.

Aus Unternehmenssicht ist es selbstverständlich wichtig, eine möglichst aggregierte und ganzheitliche Sicht auf den Immobilienbestand zu bekommen. Hierzu gibt es zwei mögliche Herangehensweisen – der *Top-Down*-Ansatz oder der *Bottom-Up*-Ansatz (Glatte und Schneider 2017, S. 391 ff.). Gerade bei einem heterogenen Immobilienportfolio, welches den meisten international agierenden Unternehmen entspricht, ist ein einfacher Top-Down-Ansatz durch ein Hochrechnen von Untersuchungen an repräsentativen Objekten auf das

Gesamtportfolio nicht darstellbar. Daher kann nur der Bottom-Up-Ansatz verfolgt werden, der zwar mühselig, aber letztlich konsequent und allein erfolgversprechend ist. Dies bedeutet, dass Objekt für Objekt und Standort für Standort detailliert untersucht werden. Dabei sind zwei wesentliche Faktoren zu betrachten:

a) der technische Zustand der Immobilie (Gebäudezustand) und
b) die strategische Relevanz des Gebäudes für das Unternehmen (Gebäudepriorität)

Erst die Zusammenführung beider Faktoren ermöglicht eine rationale Beurteilung der Gebäudenachhaltigkeit, auch aus einer ökonomisch sinnhaften Perspektive. Dieses ermöglicht dem CRE-Manager zudem auch den gezielten Einsatz seiner verfügbaren Investitionsmittel in Objekten mit einem hohen Investitionsbedarf – sei es aufgrund technischer Notwendigkeiten oder aber aus strategisch begründeten Aspekten des Kerngeschäfts.

5.2 Corporate Architecture und Corporate Design

Ein weiterer, für betriebliche Immobilien nicht zu vernachlässigender Aspekt ist die Frage nach einer konzernspezifischen Architektur (engl.: *corporate architecture*) oder zumindest konzerntypischen Gestaltungskriterien (engl.: *corporate design*). Hintergrund hierfür ist gerade bei größeren Unternehmen der Wunsch nach einer ganz bestimmten eigenen Identität.

Diese Unternehmensidentität (engl.: *corporate idendity,* auch kurz *CI*) ist ein bewusst eingesetztes strategisches Instrument bei der Positionierung des Unternehmens am Markt, im gesellschaftlichen Umfeld, aber auch gegenüber den eigenen Mitarbeitern. Der interessante Aspekt hierbei ist die Tatsache, dass mittels eines möglichst klaren und einheitlichen Auftretens bestimmte strategische Elemente wie Technologieorientierung, Produkte, Marktfelder, strategische Grundorientierungen, aber auch Beziehungen zu Mitarbeitern, Abnehmern, Lieferanten und Konkurrenten sowie verhaltenssteuernde Normen vermittelt werden sollen. Über den Aufbau eines „Wir-Bewusstseins" bei der eigenen Belegschaft soll das CI-Konzept in der Innenwirkung gezielt eine bestimmte Unternehmenskultur etablieren und dauerhaft erhalten.

Dabei ist die Corporate Identity nicht nur ein Kommunikationskonzept. Es ist vielmehr ein wesentlicher Baustein einer strategischen Unternehmensführung und als solches ein wichtiges Instrument zur Umsetzung von strategischen Konzepten im operativen Tagesgeschäft.

Es besteht aus drei Elementen:

- Unternehmensverhalten (engl.: *corporate behaviour*)
- Unternehmenskommunikation (engl.: *corporate communication*)
- Unternehmenserscheinungsbild (engl.: *corporate design*)

Des Weiteren besteht meist eine sehr enge Verbindung zwischen der Corporate Identity eines Unternehmens und dessen Markenidentität (engl.: *corporate branding*).

Das Corporate Design zielt grundsätzlich auf das optische Erscheinungsbild eines Konzerns ab, der idealerweise nach innen wie nach außen einheitlich auftreten soll. Die einfachste Form ist ein Logo oder ein Schriftzug. Etwas weiterentwickelte Konzepte zielen auch auf einheitliche Typographie oder Unternehmensfarben. In großen Konzernen gibt es umfangreiche Richtlinien, welche die Gestaltungsaspekte detailliert regeln – von Briefbögen und Anzeigen über Produkt- und Verpackungsgestaltung bis hin zu architektonischen Gestaltungselementen der betrieblichen Immobilien. Diese sind letztendlich bei einer Projektentwicklung entsprechend zu berücksichtigen.

5.3 Arbeitswelten

5.3.1 Die Bedeutung des Arbeitsplatzes

Eine umfangreiche Studie des Statistischen Bundesamtes mit 11.000 Teilnehmern ab einem Alter von 10 Jahren aus dem Jahr 2015 ergab, dass wir etwa ein Viertel unserer Lebenszeit mit Arbeit und Bildung in unterschiedlicher Form verbringen (Statistisches Bundesamt 2015, S. 5). Da in dieser Studie Kinder, Jugendliche und Rentner mitgerechnet wurden, wird der Anteil für die Berufstätigen natürlich entsprechend verwässert. Eine Plausibilisierung unterstützt diese Sicht: Unterstellt man für den üblichen Arbeitstag eine Arbeitszeit von 8–10 h, so verbringen wir 30–40 % unserer Tageszeit am Arbeitsplatz. Davon können die noch die 6–8 h üblicher Schlafzeit abgezogen werden. Im Ergebnis müssen wir erkennen, dass wir mindestens die Hälfte unserer „Wachphase" am Arbeitsplatz verbringen – Tendenz eher steigend. Daher verwundert es nicht, dass das Interesse an der Planung, Gestaltung und der Bewirtschaftung der Arbeitsplätze (engl.: *workplaces*) in einem Unternehmen für Mitarbeiter und Vorgesetzte sehr hoch ist.

Unter *Workplace Management* wird üblicherweise die kontinuierlich aktualisierte Vergabe von Ressourcen in Bezug auf die Arbeitsumgebung, deren Nutzer und der Unternehmensstrategie verstanden (Horgen et al. 1999, S. 18). Da alle drei Komponenten – Arbeitsumgebung, Nutzer und Unternehmensstrategie – sich permanent ändern ist auch nicht verwunderlich, dass sich der Umgang mit den zur Verfügung gestellten Ressourcen wie Fläche, Arbeitstisch und Arbeitsstuhl, Kommunikationsmittel wie Telefon oder Computer, Besprechungsräume, etc. in gleichem Maße anzupassen hat. Im Zeitalter der Kommunikation steht gerade der intensive Austausch von Informationen als Produktivitätsfaktor im Vordergrund. Dies geht einher mit sich wandelnden Arbeitsmodellen durch die ununterbrochene und allgegenwärtige Verfügbarkeit aller notwendigen Informationen.

Die Grenzen von Erwerbstätigkeit und Freizeit im klassischen Sinne – in obiger Studie noch fein säuberlich getrennt – verschwimmen zunehmend. Bereits der durchschnittliche Büroarbeiter verbringt nur noch 30 % bis 55 % seiner Arbeitszeit am Schreibtisch (Andersen und Peter 2017, S. 16). Die restliche Zeit ist er in Besprechungen jeglicher Art – formell oder informell – oder dienstlich unterwegs. Die zunehmende Internationalisierung führt zusätzlich zu einem immer stärkeren Reisebedarf und damit zu einer noch höheren Abwesenheit vom Büro, gerade in Management- und Vertriebsfunktionen – und dies trotz immer besserer Kommunikationsmöglichkeiten. Gerade diese bekommen durch die Abwesenheit eine immer höhere Bedeutung, und der Anspruch an Büroflächen reduziert sich für diese Tätigkeiten im Falle einer Anwesenheit mehr auf Flächen mit Möglichkeit zum Austausch mit Kollegen, Geschäftspartnern, Projektteams sowie der Nutzung der Unternehmensinfrastruktur. Andererseits wird auch immer deutlicher, dass unsere Arbeitsumgebung – wenig Bewegung, ständige Störung durch unsere Umgebung, Hektik, Termindruck – einen deutlichen Einfluss auf unsere Gesundheit haben (Wingerter und Glatte 2014).

5.3.2 Modernes Workplace Management

Wie kann nun den geänderten Rahmenbedingungen und den sich daraus resultierenden Herausforderungen begegnet werden? Auch bei diesem durchaus anspruchsvollen Thema gilt – wie bei allen anderen CREM-Aufgaben – die Erkenntnis, dass das betriebliche Immobilienmanagement seine Vorgaben und Leitplanken aus der Unternehmensstrategie und den Erfordernissen des Kerngeschäfts ableitet und diese einem Alignment mit anderen Stützfunktionen im Unternehmen unterzieht (siehe Abschn. 2.2). „Unternehmensstrategie" darf jedoch nicht verwechselt werden mit den persönlichen Sichtweisen einzelner

Manager insbesondere hinsichtlich der Ausgestaltung ihres eigenen (möglichst individuellen und repräsentativen) Arbeitsplatzes. Genau darum geht es bei einem modernen Workplace Management nicht. Vielmehr stehen Funktionalität, Interaktionsfähigkeit und Flexibilität im Vordergrund.

Es versteht sich von selbst, dass moderne und kommunikative Arbeitswelten möglichst offen zu gestalten sind. Zellenbüros führen schnell zu Abschottung und Verlust an Informationsaustausch. Andererseits sind offene Bürolandschaften unter dem Begriff „Großraumbüros" in der Vergangenheit in den Belegschaften sehr negativ besetzt gewesen. Die hierbei zugrunde liegenden Konzepte waren zumeist getrieben von einer sehr einseitigen Sicht auf Flächeneffizienz.

Nachhaltige, erfolgreiche Bürolandschaften entstehen nicht wie bunte Bilder – denn „bunt kann jeder" –, sondern nur nach einer empirisch, statistisch, mathematisch wie wissenschaftlich professionellen Standards genügenden Analyse. Arbeitsprozesse, Kommunikation, Flächeneffizienz, Wirtschaftlichkeit und die Gesundheitsvorsorge der Mitarbeiter müssen methodisch untersucht werden. Daraus ergibt sich ein Charakterbild der gegebenen Situation, sozusagen eine funktionelle Übersicht der Bürolandschaft (Wingerter 2013, S. 148).

5.3.3 Bürotypen

Nachstehend sollen die in der Praxis gängigsten Bürotypen kurz in Tab. 5.1 vorgestellt und anschließend etwas ausführlicher erläutert werden.

Grundsätzlich ist es nicht Aufgabe dieses Buches, die einzelnen Büroarbeitsplatzformen zu bewerten. Trotzdem soll kurz auf das Für und Wider der einzelnen Typen eingegangen werden.

Ein *Einzelbüro* bietet aus Sicht des einzelnen Nutzers durchaus verschiedene Vorteile. Man kann im Einzelbüro konzentriert, weil störungsfrei, arbeiten. Die Temperatur, der Sonnenschutz und die Beleuchtung können individuell bedient bzw. geregelt werden. Es gibt keine Zuhörer bei vertraulichen Gesprächen. Man kann sich „ausbreiten", ohne auf andere Rücksicht zu nehmen. Allerdings gibt es auch signifikante Nachteile. Die Kommunikation und Kooperation ist in einem Einzelbüro nachweislich aufwendiger. Daher ist diese Form für Teamarbeit und für kollaborative sowie für kommunikative Arbeitsanforderungen absolut ungeeignet.

Mehrpersonenbüros haben sich gerade für mehrere Mitarbeiter mit ähnlichem Aufgabenbereich (z. B. Marketing, Buchhaltung) als vorteilhaft ausgewiesen. Damit ist ein guter und einfacher Informationsaustausch möglich. Auch die Vertretung untereinander ist einfacher durchführbar. Allerdings fällt oft konzentriertes

Tab. 5.1 Bürotypen und deren Beschreibung

Bürotypus	Beschreibung
Einzelbüro	Das Einzelbüro ist ein Ein-Personen-Büro, also mit einem Arbeitsplatz
Mehrpersonenbüro	Das Mehrpersonenbüro bietet Raum für zwei bis vier Personen. In vielen, eher traditionell geprägten Unternehmen gibt es immer noch eine Mischung aus Einzel- und Mehrpersonenbüros- zusammen auch als Zellenbüros bezeichnet
Kombibüro	Das Kombibüro ist eine Kombination aus Einzelbüros (oder auch Mehrpersonenbüros) mit offenen Zonen, die gemeinschaftlich genutzt werden (Besprechungs-, Gemeinschaftszone etc.). In einem Kombibüro haben die Einzelbüros meist transparente Wände zu den Gemeinschaftszonen, wobei die Einzelbüros entlang der Gebäudeaußenseite platziert sind
Teambüro	Teambüros sind insbesondere Räume für bis zu 10, mitunter auch bis zu 20 Mitarbeiter
Großraumbüro	Eine eindeutige Definition für Großraumbüro gibt es nicht. Darunter versteht man üblicherweise ein Büro mit mehr als 10 Arbeitsplätzen, wobei die einzelnen Arbeitsplätze häufig durch Raumteiler getrennt sind. Solche Raumteiler sind z. B. Schränke, die meist gar nicht bis zur Decke reichen
Non-territoriales Büro	Beim non-territorialen Büro werden die Arbeitsplätze von allen Mitarbeitern entweder spontan oder nach Voranmeldung genutzt. Niemand besitzt einen festen Arbeitsplatz (engl.: *desk sharing*). Jeder Mitarbeiter besitzt seinen Rollcontainer für seine persönlichen Sachen und wählt entsprechend der jeweiligen Aufgabe seinen Arbeitsplatz
Business Club	Anstelle von persönlichen Arbeitsplätzen bieten Business-Clubs eine Vielfalt an Arbeitsorten, die je nach Tätigkeiten und Arbeitsstil zeitweise genutzt werden. Anstatt eines festen Arbeitsplatzes oder Schreibtischs wählt der Mitarbeiter genau den Arbeitsort, der zu seiner augenblicklichen Tätigkeit passt und seiner Produktivität am besten dient. Die Rolle des persönlichen Arbeitsplatzes als Heimat übernimmt die Mitgliedschaft in einer räumlich und sozial überschaubaren Nachbarschaft, dem Club, der sich durch informell gestaltetes Ambiente vom traditionellen Büroumfeld stark unterscheidet. In diesem Zusammenhang taucht auch oft der Begriff „Coworking" auf. Dieser wird nachstehend im Zusammenhang mit den unterschiedlichen Modellen der Business Clubs erläutert
(Heimarbeitsplatz)	Beim Heimarbeitsplatz handelt es sich eigentlich um keinen Bürotypus sondern die Verlagerung des originären Arbeitsplatzes aus dem Unternehmen weg in die persönliche Wohnung des Mitarbeiters

Arbeiten aufgrund des „Dauerlärmpegels" schwer. Mehrpersonenbüros sind solange geschätzt, wie die anderen Kollegen auf Dienstreise sind. Jeder, der einmal in einem solchen Büro saß und zeitgleich mit seinem Kollegen telefonierte, wird diese Aussage unterstützen. Mehrpersonenbüros bieten daher ein gewisses Konflikt- und Stresspotenzial.

Das *Kombibüro* soll eine Synthese zwischen konzentriertem Arbeiten und Kommunikation schaffen. Konzentriertes Arbeiten im Einzelbüro und zwischenzeitliche Teamarbeit in der Gemeinschaftszone sind leicht umsetzbar. Eine gezielte Kommunikation je nach Bedürfnis ist möglich und die Privatsphäre wird gewährleistet. Nachteilig ist allerdings der extrem hohe Flächenbedarf im Verhältnis zur Anzahl der Arbeitsplätze und eine geringe Flexibilität bei organisatorischen Veränderungen.

Teambüros sind oft anzutreffen bei Abteilungen und größeren Teams, also besonders dann, wenn rege Kommunikation untereinander erwünscht bzw. notwendig ist. Ein Gruppenbüro wird in der Regel mit sogenannten Raumgliederungssystemen (Wandschränke, Teilabschirmung der Arbeitsplätze etc.) strukturiert. Vorteilhaft ist diese Form besonders hinsichtlich seiner höheren Flexibilität bei der Arbeitsplatzgestaltung. Neue Mitarbeiter lassen sich mit wenig Aufwand in die Struktur einbinden Eine einfachere Kommunikation ist möglich. Die Flächeneffizienz kann gesteigert werden. Allerdings gibt es hier die gleichen Nachteile wie in einem Mehrpersonenbüro.

Großraumbüros sind – wie oben bereits dargestellt – vielfach in Verruf geraten. Trotzdem bieten Sie neben einer hohen Flächeneffizienz auch – sofern ausreichend Rückzugs- und Kommunikationsflächen berücksichtigt wurden – viele Möglichkeiten für eine transparente und kollaborative Arbeitsumgebung.

Business Clubs als Bürotypus sind vergleichsweise neu. Das Konzept der Business Clubs entstand aus der Notwendigkeit, teure Bürofläche durch flexible Nutzung besser auszulasten, nachdem die Arbeit mit Menschen, die zunehmend automatisierte Sachbearbeitung ablöst, viele Büros oft über Tage leer stehen lässt. Business-Clubs bieten oft die räumliche Umgebung für *desk sharing*. Ein räumliches Vorbild sind die Business-Lounges in Flughäfen und Bahnhöfen, die Café-tische, Schreibtische und informelle Sitzgruppen nebeneinander zum Entspannen, Arbeiten und Konferieren anbieten. Das reicht als Treffpunkt für Mitglieder in unterschiedlichen Berufen, Rollen und Tagesabläufen, die nichts verbindet als die soziale Zugehörigkeit zu einer Institution, die den persönlichen Erfolg fördert. Grundsätzlich können hierbei drei Modelle unterschieden werden (Leimbach 12.09.2018):

- *Business Center:* Der Fokus liegt dabei auf Privatbüros (i. W. Einzelbüros) in einem betont seriösen, hochwertigen Umfeld und einer sehr leistungsstarken Servicepalette. Zielgruppe sind im Wesentlichen Klein- und Einzelunternehmen mit einem klassischen oder traditionellen Anspruch.
- *Hybrid-Modell:* Diese Form setzt auf einen Mix von offenen Büroflächen (engl.: *open space*) und Privatbüros in einem trendigen Design und setzt insbesondere eine Kombination von unterschiedlichen Nutzergruppen und setzen insbesondere auf Corporates ab.
- *Coworking* (im engeren Sinne): Gern wird Coworking als Dachbegriff für alle Formen der Business Clubs verwandt. Im engeren Sinne bezieht es sich aber lediglich auf Anbieter mit einem sehr hohen Anteil von offenen und Gemeinschaftsflächen in einem trendigen Design. Diese Flächen werden aktuell insbesondere von Start-ups und Freelancern nachgefragt.

Heimarbeitsplätze (engl.: *home office*) haben verschiedene Hintergründe. Einerseits möchten Unternehmen hiermit ihren Mitarbeitern die Möglichkeit bieten, Familie und Arbeit besser zu vereinbaren. Dies wird insbesondere von Mitarbeitern mit Kindern und pflegebedürftigen Angehörigen geschätzt. Des Weiteren kann so der oft längere Arbeitsweg vermieden werden – zumeist zugunsten der produktiven Arbeitszeit. Umgekehrt erfordert ein Heimarbeitsplatz aber auch einen deutlich erhöhten Kommunikationsaufwand seitens des betroffenen Mitarbeiters und seiner Kollegen, um die dann fehlenden Informationen (insbesondere durch die informellen Netzwerke innerhalb einer Organisation) wieder auszugleichen. Home Office macht letztlich nur Sinn, wenn das Unternehmen in gleichem Maßen auch die effektiv bereitgestellte Bürofläche reduziert und der Mitarbeiter proaktiv kommuniziert und netzwerkt. Exzessiv angewandt besteht jedoch die Gefahr, dass Mitarbeiter mit Heimarbeitsplätzen sich zunehmend vom Unternehmen entfremden. Das IT-Unternehmen YAHOO hat beispielsweise dies als Problem erkennen müssen. Deren damalige CEO, Marissa Mayer, führte im Juni 2013 die Anwesenheitspflicht im Unternehmen mit folgender Botschaft wieder ein: *„Yahoos, um der absolut beste Arbeitsplatz zu werden, sind Kommunikation und Zusammenarbeit wichtig, also müssen wir Seite an Seite arbeiten. (...) Wir müssen ein Yahoo sein, und das beginnt damit, dass wir physisch zusammen sind"* (Schultz 2013).

Grundsätzlich kann es jedoch keine pauschale Antwort für das „beste" Arbeitsplatzkonzept geben. Vielmehr sollte das jeweilige Bürokonzept auf die Bedürfnisse der Nutzer abgestimmt werden. Dies gilt insbesondere hinsichtlich ihrer Anwesenheit und Arbeitsweise (Abb. 5.2).

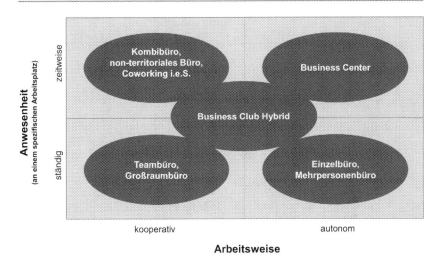

Abb. 5.2 Bürokonzepte in Abhängigkeit von Nutzeranforderungen

5.3.4 Einfluss der Veränderung der Arbeitswelten auf das CREM der Zukunft

Gerade die Entwicklungen auf dem Gebiet der Arbeitswelten und den sich daraus ableitenden Herausforderungen zeigen, dass das betriebliche Immobilienmanagement die Lösungen nicht allein bieten kann. Es ist davon auszugehen, dass die Verzahnung insbesondere mit den Bereichen IT und Personal immer stärker wird. Der Branchenverband CoreNet Global kommt in seiner Studie „Corporate Real Estate 2020" zu der Erkenntnis, dass insbesondere diese drei Supportbereiche immer stärker zusammenwachsen werden (CoreNet Global 2012, S. 17 ff.). Das betriebliche Immobilienmanagement stellt die Flächen zur Verfügung und organisiert deren Bewirtschaftung. Der IT-Bereich bietet die entsprechenden Kommunikationsmöglichkeiten, die ein Arbeiten und den Informationsaustausch von quasi jedem Platz dieser Welt ermöglichen. Der Personalbereich wiederum muss die rechtlichen und organisatorischen Rahmenbedingungen (Arbeitsverträge, Betriebsvereinbarungen für flexible Arbeitszeitkonzepte, Vergütungsregelungen, Coaching für Führungskräfte hin zu anderen Führungsstilen, etc.) bereitstellen.

Zusammenfassung – Der (steinige) Weg zum CRE-Manager

6

Das Corporate Real Estate Management hat sich in den vergangenen Jahren weiterentwickelt und auf die Anforderungen der Globalisierung eingestellt. Die Anforderungen an das Management von betrieblichen Immobilien variieren von Unternehmen zu Unternehmen hinsichtlich des Immobilienportfolios und der zu betreuenden Assetklassen, deren regionaler Verteilung sowie des Leistungsspektrums und der Wertschöpfungstiefe der CREM-Organisation. Daraus leiten sich auch Art und Umfang der immobilienwirtschaftlichen Steuerung sowie deren Managementsysteme ab.

Ein wesentlicher Aspekt ist die Erkenntnis, dass eine Betriebsimmobilie – rein betriebswirtschaftlich gesehen – den Status eines Betriebsmittels oder Hilfsmittels für das Kerngeschäft hat. Abgeleitet daraus ist betriebliches Immobilienmanagement ein innerbetrieblicher Stützprozess. So wie sich die Ziele des CREM im Unternehmen aus den Zielvorgaben des Kerngeschäfts abzuleiten haben, so sind die immobilienwirtschaftlichen Steuerungssysteme den CREM-Zielen zu entlehnen. Diese verändern sich mit dem Reifegrad der CREM-Organisation. Der CRE-Manager sollte also in einem ersten Schritt den Status Quo seiner Situation im Unternehmen ermitteln und sich dann unmittelbare, kurzfristige Ziele sowie auch eine langfristige Vision vorgeben. Die Ansätze hierfür sind vielfältig und sehr unternehmensspezifisch.

Darauf basierend ist eine stufenweise Weiterentwicklung von Organisation, Strukturen, Prozessen und unterstützender Systemlandschaft angeraten. In der Praxis sind zwei Entwicklungsrichtungen häufig anzutreffen. Entweder wird als erster Schritt eine kleine strategisch ausgerichtete Organisation etabliert, die neben einem Portfolioüberblick insbesondere grundsätzliche Portfolioentscheidungen fachlich begleiten und unternehmensweit immobilienwirtschaftliche Basisprozesse i. S. einer Governance einführen soll (Top-Down-Approach).

© Springer Fachmedien Wiesbaden GmbH, ein Teil von Springer Nature 2019
T. Glatte, *Corporate Real Estate Management,* essentials,
https://doi.org/10.1007/978-3-658-26861-9_6

Andernfalls ist oft auch erkennbar, dass der Kompetenzrahmen einer starken lokalen FM-Organisation – üblicherweise in der Konzernzentrale oder im Stammwerk – sukzessive erweitert wird mit dem letztlichen Ziel einer Komplettverantwortung im Konzern.

Ebenso ist eine stufenweise Einführung und Weiterentwicklung der Systemlandschaft für das Datenmanagement empfehlenswert. Bei der Systemauslegung ist der Fokus zuerst auf den Output zu legen. Daraufhin sind die Eingangsgrößen (Input) auszulegen. Es wird jedoch dringend empfohlen, insbesondere die Anzahl der zu pflegenden Eingangsgrößen klein zu halten um eine nachhaltige Aktualität bei vertretbarem Pflegeaufwand zu gewährleisten.

Einen Königsweg für den Aufbau und die Weiterentwicklung des Corporate Real Estate Managements im Unternehmen gibt es nicht. Eine Vielzahl von wesentlichen Parametern und sehr heterogene Konstellationen im Unternehmensvergleich aber auch innerhalb der Unternehmen selbst machen es notwendig, die jeweilige CRE-Struktur individuell zu konfigurieren (Kämpf-Dern und Pfnür 2014, S. 97 ff.). Diese Struktur ist zudem kontinuierlich den innerbetrieblichen, gesamtwirtschaftlichen und ggf. auch gesellschaftlichen Rahmenbedingungen anzupassen. Genau darin aber liegt der besondere Reiz der Aufgabe. Es liegt letztlich einzig am zuständigen CRE-Manager, die langfristigen Unternehmens- und CRE-Ziele nicht aus dem Auge verlierend, mit etwas Mut, viel Geschick, einigem Opportunismus und sehr viel Geduld einen Schritt nach dem anderen zu gehen. Gelegentliche Rückschläge sind in der Praxis die Regel und somit als Teil des Gesamtprozesses zu sehen.

Was Sie aus diesem *essential* mitnehmen können

- Unter Corporate Real Estate Management (CREM), oder betrieblichem Immobilienmanagement, versteht man alle liegenschaftsbezogenen Aktivitäten eines Unternehmens, dessen Kerngeschäft sich nicht mit Immobilien beschäftigt.
- Daher haben sich alle strategischen und operativen Aspekte den Kerngeschäftsinteressen des betreffenden Unternehmens unterzuordnen. Somit gibt es auch keinen idealtypischen Ansatz für das CREM, sondern eine sehr heterogene Ausprägung von CREM-Aktivitäten im Vergleich der Corporates untereinander.
- Mit ca. 3 Billionen EUR Immobilienvermögen in Deutschland stellen die betrieblichen Immobilien einen hohen volkswirtschaftlichen Faktor dar.
- Grundsätzlich steht nicht die Immobilienrendite im Fokus sondern eine Vielzahl von Nutzeraspekten. sowie abgeleitete immobilienwirtschaftliche Ziele und deren Erfolgsmessung.
- Ein professionelles CREM ist notwendig, da die immobilienwirtschaftlichen Kosten eine der größten Kostenpositionen innerhalb der Unternehmen sind. Ebenso machen Immobilien 5 %–20 % des Anlagevermögens von Unternehmen aus.
- Eine Anlehnung von Betriebsimmobilien an Rahmenbedingungen des traditionellen Immobilienmarkts erhöht seine Drittverwendungsfähigkeit und damit seinen Wert. Andernfalls sind Betriebsimmobilien schnell Spezialimmobilien und als nichtbetriebsnotwendige Immobilien nicht mehr verwertungsfähig.
- Grundsätzlich können CREM-Aufgaben den kompletten Immobilienlebenszyklus „Beschaffen – Betreuen – Verwerten" und alle Wertschöpfungsebenen von strategischen über taktischen bis zu operativen Themen umfassen.

T. Glatte, *Corporate Real Estate Management,* essentials,
https://doi.org/10.1007/978-3-658-26861-9

- Der Aufbau von CREM-Organisationen erfolgt üblicherweise schrittweise und entweder *bottom-up* durch die Ausweitung eines Mandats für eine operative FM-Organisation oder *top-down* durch eine Aufgabenerweiterung für strategische Abteilungen.
- Ein Outsourcing von CREM-Leistungen ist eine Einzelfallentscheidung. Ein Komplett-Outsoucing ist jedoch irreparabel.
- Die Gestaltung und Weiterentwicklung der Arbeitswelten in ein integrales CREM-Thema. In Zukunft wird durch den Wandel der Arbeitswelt das Aufgabengebiet CREM noch stärker mit dem IT-Bereich und dem Personalbereich innerhalb der Unternehmen zusammenwachsen.

Literatur

Andersen, Gitte, und Holdt Christensen Peter. 2017. *Space at work*. Kopenhagen: SIGNAL Arkitekter ApS.

BASF Aktiengesellschaft. 2004. *Zukunft gestalten – Finanzbericht 2004*. Ludwigshafen: BASF AG.

BASF SE. 2015a. BASF.com. https://www.basf.com/de/company/investor-relations/basf-at-a-glance/key-financial-data/ten-year-summary.html. Zugegriffen: 18. Jan. 2015.

BASF SE. 2015b. BASF.com. Investor relations. BASF SE. https://www.basf.com/de/company/investor-relations/basf-at-a-glance/key-financial-data/ten-year-summary.html. Zugegriffen: 18. Jan. 2015.

BASF SE. 2015c. *BASF Bericht 2014*. Ludwigshafen: BASF SE.

BASF SE. 2016. *BASF Bericht 2015*. Ludwigshafen: BASF SE.

Bassen, Alexander, Sarah Jastram, und Katrin Meyer. 2005. Corporate Social Responsibility: Eine Begriffserläuterung. *Zeitschrift für Wirtschafts- und Unternehmensethik* 6 (2): 231–236.

BMI. o. J. Nachhaltiges Bauen, Bundesministerium des Inntern, für Bau und Heimat. https://www.nachhaltigesbauen.de. Zugegriffen: 4. Mai 2019.

BMUB. 2016. *Leitfaden Nachhaltiges Bauen: Zukunftsfähiges Planen, Bauen und Betreiben von Gebäuden*. Berlin: Bundesministerium für Umwelt, Naturschutz, Bau und Reaktorsicherheit (BMUB).

Bowen, Howard Rothmann. 1953. *Social responsibilities of the businessman*. New York: Harper.

BRE. o. J. Building Research Establishment. BRE Environmental Assessment Method. https://www.breeam.com/. Zugegriffen: 4. Mai 2019.

CNG. o. J. Chapter Central Europe des Fachverbandes CoreNet Global. Cornet Global Inc. https://centraleurope.corenetglobal.org. Zugegriffen: 4. Mai 2019.

CoreNet Global. 2012. *CRE 2020 – Enterprose leadership*. Atlanta: CoreNet Global Inc.

DGNB. o. J. Deutsche Gesellschaft für nachhaltiges Bauen e. V. https://www.dgnb.de/de/. Zugegriffen: 4. Mai 2019.

EPA. o. J. United States Environmental Protection Agency. https://www.epa.gov. Zugegriffen: 4. Mai 2019.

© Springer Fachmedien Wiesbaden GmbH, ein Teil von Springer Nature 2019
T. Glatte, *Corporate Real Estate Management, essentials*,
https://doi.org/10.1007/978-3-658-26861-9

Erneker, Sabine, und Thomas Glatte. 2012. Sustainability policies for an industrial corporation's real estate management: A case study. *Corporate Real Estate Journal* 2 (2): 94–104.

Europäische Kommission. 2001. *GRÜNBUCH: Europäische Rahmenbedingungen für die soziale Verantwortung der Unternehmen.* Brüssel: Europäische Kommission.

FBI. o. J. Forschungscenter betriebliche Immobilienwirtschaft. http://real-estate-research. org/. Zugegriffen: 4. Mai 2019.

GBCA. o. J. Green Building Council Australia. https://new.gbca.org.au/. Zugegriffen: 4. Mai 2019.

Glatte, Thomas. 2012. Betriebsimmobilien im Markttest. *Immobilienmanager.*

Glatte, Thomas. 2013. Corporate real estate management plays an important role in corporate strategies. *The Leader,* May/June 2013.

Glatte, Thomas. 2014. *Entwicklung betrieblicher Immobilien.* Wiesbaden: Springer Vieweg.

Glatte, Thomas. 2018. *Kompendium Standortstrategien.* Wiesbaden: Springer.

Glatte, Thomas, und Daniela Schneider. 2017. Nachhaltiges Immobilienmanagement: Gebäudemanagement betrieblicher Immobilien. In *Praxishandbuch Green Building: Recht, Technik, Architektur,* Hrsg. Peter von Mösle, Michaela Lambertz, Stefan Altenschmidt, und Christoph Ingenhoven. Berlin: DeGruyter.

Haynes, Barry P., und Nick Nunnington. 2010. *Corporate real estate asset management.* Burlington: Elsevier EG Books.

Hines, Mary Alice. 1990. *Global corporate real estate management: A handbook for multinational businesses and organizations.* Westport: Quorum Books.

Horgen, Turid, Michael L. Joroff, William L. Porter, und Donald A. Schon. 1999. *Excellence by design: Transforming workplace and work practice.* New York: Wiley.

HQE. o. J. Association pour la Haute Qualité Environnementale. Haute Qualité Environnementale. http://www.hqegbc.org/home/. Zugegriffen: 4. Mai 2019.

IASB, IAS 16. 2005. International Accounting Standards. List of standards – IAS 16. International Accounting Standards Board. http://www.ifrs.org/issued-standards/list-of-standards/ias-16-property-plant-and-equipment/. Zugegriffen: 22. Apr. 2019.

IASB, IAS 17. 1984. International Financial Reporting Standards. List of standards – IAS 17. International Accounting Standard Board. http://www.ifrs.org/issued-standards/list-of-standards/ias-17-leases/. Zugegriffen: 22. Apr. 2019.

IASB, IAS 40. 2005. International Financial Reporting Standards. List of Standards – IAS 40. International Accounting Standards Board. 1. January 2005. http://www.ifrs.org/issued-standards/list-of-standards/ias-40-investment-property/. Zugegriffen: 22. Apr. 2019.

IFRS. o. J. International Financial Reporting Standards. http://www.ifrs.org. Zugegriffen: 4. Mai 2019.

Initiative Unternehmensimmobilien. o. J. Initiative Unternehmensimmobilien. http://unternehmensimmobilien.net. Zugegriffen: 4. Mai 2019.

Initiative Unternehmensimmobilien. 2014. *Marktbericht,* Bd. 1. Berlin: Eigenverlag Initiative Unternehmensimmobilien.

Kämpf-Dern, Annette, und Andreas Pfnür. 2014. Best practice, best model, best fit – Strategic configurations for the institutionalization of corporate real estate management in Europe. *Journal of Corporate Real Estate* 16 (2): 97–125.

Krupper, Dirk. 2011. *Immobilienproduktivität: Der Einflussvon Büroimmobilien auf Nutzerzufriedenheit und Produiktivität.* Darmstadt: Eigenverlag TU Darmstadt.

Leimbach, Stefan. 2018. Flexible Office Space – Coworking Space von 0 auf 180. Düsseldorf: JLL GmbH.

Minergie. o. J. Minergie. https://www.minergie.ch. Zugegriffen: 4. Mai 2019.

Nävy, Jens, und Matthias Schröter. 2013. *Facility Services: Die operative Ebene des Facility Managements*. Heidelberg: Springer Vieweg.

Neumaier, Hermann, und Hans H. Weber. 1996. *Altlasten*. Berlin: Springer.

Peyinghaus, Marion, und Regina Zeitner. 2013. Prozesse strukturieren, steuern transformieren: Chancen für die Immobilienbranche. In *Prozessmanagement Real Estate*, Hrsg. Marion Peyinghaus und Regina Zeitner. Heidelberg: Springer.

Pfnür, Andreas. 2010. *Modernes Immobilienmanagement: Immobilieninvestment, Immobiliennutzung, Immobilienentwicklung und -betrieb*. Berlin: Springer.

Pfnür, Andreas. 2014. *Die volkswirtschaftliche Bedeutung von Corporate Real Estate in Deutschland*. Darmstadt: Studie eines Herausgeber-Konsortiums bestehend aus Zentralem Immobilienausschuss e. V., CoreNet Global Inc., BASF SE, Eurocres GmbH und Siemens AG.

Pfnür, Andreas, und Sonja Weiland. 2010. CREM 2010: Welche Rolle spielt der Nutzer? In *Arbeitspapiere zur immobilienwirt-schaftlichen Forschung und Praxis*, Bd. 21, Hrsg. Andreas von Pfnür. Darmstadt: Institut für Baubetriebswirtschaft der TU Darmstadt.

Pfnür, Andreas, und Steffen Armonat. 2004. *Desinvestment von Unternehmensimmobilien unter besonderer Berücksichtigung ihrer Vermarktungsmöglichkeit*. Hamburg: Fachbereich Wirtschaftswissenschaften und Universität Hamburg (Arbeitspapier Nr. 32).

Schulte, Karl Werner, und Wolfgang Schäfers. 1998. *Handbuch Corporate Real Estate Management*. Köln: Immobilien Informationsverlag Rudolf Müller.

Schultz, Stefan M. 2013. Ab ins Büro. Spiegel Online. http://www.spiegel.de/wirtschaft/unternehmen/yahoo-mayer-verbietet-mitarbeitern-das-home-office-a-885603.html. Zugegriffen: 22. Apr. 2019.

Statistisches Bundesamt. 2015. *Wie die Zeit vergeht*. Wiesbaden: Statistisches Bundesamt.

U.S. EPA. 2016. Green building. https://archive.epa.gov/greenbuilding/web/html/about.html. Zugegriffen: 22. Apr. 2019.

USGBC. o. J. U.S. Green Building Council. Leadership in Energy and Environmental Design. https://new.usgbc.org/. Zugegriffen: 4. Mai 2019.

Uttich, Steffen. 2011. Aufbruch aus dem Schattendasein. *Frankfurter Allgemeine*.

WBCSD. o. J. World Business Council for Sustainable Development. http://wbcsd.org. Zugegriffen: 4. Mai 2019.

Wingerter, Sven. 2013. WorkPlace Management – Bürowelt heute und morgen. In *Immobilien-Megatrends: Jahrbuch 2012*, Hrsg. Rudolf M. von Bleser. Wiesbaden: Immobilien Manager Verlag.

Wingerter, Sven, und Thomas Glatte. 2014. Megatrend Health – The next Kondratieff Wave. Research-gate.net. CoreNet Global Inc., 16. September. https://www.research-gate.net/publication/322301292_Megatrend_Health_-_The_next_Kondratieff_Wave. Zugegriffen: 22. Apr. 2019.

ZIA. o. J. Zentraler Immobilien Ausschuss. Zentraler Immobilien Ausschuss e. V. https://www.zia-deutschland.de. Zugegriffen: 4. Mai 2019.

Printed in the United States
By Bookmasters